"十三五"国家重点出版物出版规划项目
面向可持续发展的土建类工程教育丛书

建筑结构隔震

周　颖　等编著

机　械　工　业　出　版　社

本书阐述了建筑结构隔震技术，是同济大学团队多年来对"建筑结构隔震"课程教学与工程实践的总结。全书主要内容包括建筑隔震原理、建筑隔震装置、建筑隔震分析、建筑隔震设计、建筑隔震构造、建筑隔震施工与验收、建筑隔震维护与加固、建筑隔震工程算例等，覆盖了新建和既有建筑隔震技术从方案设计、产品试验、安装实施到后期管理维护等阶段。

本书可作为普通高等院校土木工程及相关专业的"建筑结构隔震"课程教材，也可供相关工程技术人员参考。

本书配有授课PPT等资源，免费提供给选用本书的授课教师，需要者请登录机械工业出版社教育服务网（www.cmpedu.com）注册下载。

图书在版编目（CIP）数据

建筑结构隔震/周颖等编著. —北京：机械工业出版社，2020.9
（2023.1重印）

（面向可持续发展的土建类工程教育丛书）

"十三五"国家重点出版物出版规划项目

ISBN 978-7-111-66647-9

Ⅰ.①建⋯　Ⅱ.①周⋯　Ⅲ.①建筑结构-抗震设计-高等学校-教材
Ⅳ.①TU352.104

中国版本图书馆CIP数据核字（2020）第184581号

机械工业出版社（北京市百万庄大街22号　邮政编码100037）
策划编辑：李　帅　责任编辑：李　帅　臧程程
责任校对：张　征　封面设计：张　静
责任印制：常天培
固安县铭成印刷有限公司印刷
2023年1月第1版第2次印刷
184mm×260mm·12.25印张·301千字
标准书号：ISBN 978-7-111-66647-9
定价：39.80元

电话服务　　　　　　　网络服务
客服电话：010-88361066　机 工 官 网：www.cmpbook.com
　　　　　010-88379833　机 工 官 博：weibo.com/cmp1952
　　　　　010-68326294　金 书 网：www.golden-book.com
封底无防伪标均为盗版　机工教育服务网：www.cmpedu.com

前　言

　　新中国成立以来发生的两次大地震，深刻影响着我国地震工程的发展：1976 年唐山大地震后，我国开始全面实施建筑结构抗震设防；2008 年汶川大地震后，隔震及消能减震技术开始被广泛采用。据不完全统计，截至 2017 年年底，我国已建成隔震建筑 6000 余幢、减震建筑近 1000 幢。2019 年 11 月，国家发展改革委修订发布的《产业结构调整指导目录》将"建筑隔震减震结构体系及产品研发与推广"列为建筑产业结构的首条。云南省等更是出台政策，要求 8 度和 9 度抗震设防烈度区内，凡符合适用条件的中小学校舍、医院、通信等重大工程和生命线工程全面推广使用减隔震技术。可以预计，随着我国综合国力和科技水平的大幅提升，采用减隔震技术的新建工程和改建工程将会日益增多。

　　为培养面向未来的高等院校土木工程及相关专业学生，周颖及团队成员陈鹏和马开强结合多年建筑结构隔震课堂教学和工程实践经验编写了本书。全书内容包括：建筑隔震原理（第 1 章）、建筑隔震装置（第 2 章）、建筑隔震分析（第 3 章）、建筑隔震设计（第 4 章）、建筑隔震构造（第 5 章）、建筑隔震施工与验收（第 6 章）、建筑隔震维护与加固（第 7 章）、建筑隔震工程算例（第 8 章），覆盖了新建和既有建筑隔震技术从方案设计、产品试验、安装实施到后期管理维护等阶段。本书可作为普通高等院校土木工程及相关专业的"建筑结构隔震"课程教材，也可供相关工程技术人员参考。本书的主要内容源自以下研究项目的部分成果：国家自然科学基金项目（51878502、51678449）、上海市科委项目（19XD1423900）。本书的成果是在同济大学土木工程防灾国家重点实验室中完成的，书稿由同济大学吕西林主审，在此表示衷心感谢。本书离不开研究生们的辛勤工作，他们是陆德成、王书胤、刘浩、汪盟等，在此一并致谢。

　　由于作者水平有限，书中难免有疏漏之处，衷心希望读者不吝指正。

编　者

目　录

第1章　建筑隔震原理

【学习目标】
1. 掌握隔震技术的基本原理与分类。
2. 了解建筑隔震的基本概念及我国隔震技术应用的发展历程。

建筑结构隔震技术被认为是 20 世纪地震工程领域最伟大的发明之一。采用隔震技术方案能将结构地震响应降低为普通抗震固接方案的 1/3 或更低，减震效果显著。本章将从建筑隔震的基本概念和原理出发，阐明隔震技术高效减震的本质；并对隔震技术进行分类，介绍目前我国隔震技术的研究和应用进展；最后给出我国建筑隔震相应的规范和标准。

1.1　建筑隔震基本概念

1.1.1　建筑隔震体系的提出

地震是一种常见的自然灾害，因其破坏力大、突发性强等特性，被视为对人类威胁最大的自然灾害之一。目前，位于地震高发地区的居住人口数量众多，每年因地震导致的生命与财产损失居高不下。幸而，随着人类科技的日益进步，建筑抗震设计理论与方法在人们抵御自然灾害的过程中得到了持续的研究与总结，而建筑隔震体系也在不断的探索中应运而生。

结构抗震设计一直是世界各国普遍采取的一种建筑结构防震手段。现在广泛采用的抗震设计理论，是指通过设计保证建筑结构具有一定的强度、刚度和延性。在遭遇小震时，结构处于弹性阶段，利用强度抵抗地震作用；在遭遇大震时，通过结构的弹塑性变形能力，耗散地震能量，保证结构不倒塌。这也体现了抗震设计理念所强调的"抗"的思想。

然而，时代的发展同样对结构的安全性和适用性提出了新的要求。一方面，建筑使用功能日益多元化，结构体系日益复杂；另一方面，放置重要设备、精密仪器的结构，或须重点保护的建筑结构，不允许在地震作用下发生较大的塑性变形。现如今，人们已经愈发了解到地震动的随机性以及结构塑性变形的复杂性。若根据传统抗震设计的理念，利用结构的弹塑性变形来耗散地震能量，那么在强震下，便无法保证内部重要设备仪器的完好以及建筑正常的使用功能。总的说来，传统抗震设计方法依靠提高结构构件的强度、变形能力去抵抗地震的思想，已经不能满足对结构安全性和适用性的要求。

在此背景下，为了更好地实现建筑结构的防震，世界各国的工程技术人员进行了大量关于防震技术的研究，而隔震技术便由此兴起并得以不断完善。隔震技术的核心，在于通过隔震支座等装置，形成刚度较低的隔震层，使得结构的基本周期得到延长，避开地震能量分布最高的频段，从而降低上部结构的响应。

隔震体系的提出，契合了时代对建筑结构防震提出的新要求，成为保证地震作用下建筑结构安全性的一种新理念。

1.1.2 建筑隔震体系的发展历程

建筑隔震体系自提出以来，经历了一个理论不断完善、技术愈发成熟、性能持续优化的过程，大致可以划分为以下 3 个阶段：

1. 隔震理念的萌芽

我国原始的隔震理念，可以追溯到一千多年以前。唐朝时期修建的小雁塔，采用了一种球面基础，使得基础与地基间可发生相对移动；明朝时期修建紫禁城建筑群的大理石台面下普遍设有含糯米成分的柔软层，使紫禁城免于地震的破坏。

后来，日本学者河合浩藏、美国斯坦福大学学者 J. A. Calantarients 等提出了多种不同形式的滑动隔震层。1921 年于日本东京建成的日本帝国饭店，被认为是较早一批涉及隔震理念的现代建筑之一。其设计者，美国建筑师 F. L. Wright 通过将密集短桩打在软土层顶部的方法，将软土层作为天然的"隔震垫"。在经历了 1923 年 7.9 级的日本关东大地震之后，该方案的抗震性能得到了验证。

此后，日本研究者相继提出了不同的隔震方案。日本的鬼头健三郎提出将滑动或滚动轴承应用在基础和柱底之间；山下兴家提出了采用弹簧的隔震方案，并取得了专利；中村太郎论述了在隔震层引入阻尼装置的必要性，作为隔震理论极为重要的补充。

许多早期隔震方案的提出，甚至早于地震工程学和结构抗震设计理论的建立，但往往是基于经验，尚不可靠。例如美国的马特尔（R. R. Martel）提出的柔弱底层概念，旨在令建筑结构底层水平刚度远低于上部结构水平刚度以达到减震效果。然而，这种设计会导致底层承载力和刚度不足，地震作用下发生过大底层位移，导致建筑结构倒塌破坏。

2. 现代隔震技术的发展

现代隔震技术的发展，始于对橡胶垫隔震技术的应用与研究。1963 年，在南斯拉夫斯考比（Scopje）市的震后重建中，瑞士援建了一个采用橡胶块作为隔震支座的建筑——柏斯坦劳奇（Pestaloci）小学，被普遍认为是首幢采用现代隔震理念设计的建筑结构。但该项目暴露出橡胶隔震支座的诸多问题，例如天然橡胶在承受重力荷载时会发生侧向鼓出、由于竖向刚度低而导致结构弹跳倾覆、提供的附加阻尼较低等。针对这些问题，现代隔震技术始终伴随着隔震支座的创新和性能改进而不断发展。

戴尔夫塞斯（G. C. Delfosses）等提出了叠层橡胶支座，并应用在法国马赛兰蒙克斯镇一幢三层教学楼建筑。通过将橡胶层与钢板层相互交替粘接，能在不影响橡胶支座剪切变形能力的前提下增加支座竖向刚度和承载力，以解决橡胶块受压侧向鼓出以及结构弹跳问题。

鲁宾逊（W. H. Robinson）等提出了铅芯叠层橡胶隔震支座，并将其应用在了新西兰威廉克莱顿（William Clayton）政府办公大楼。铅芯叠层橡胶支座通过在叠层橡胶支座中部插入铅芯，起到在地震往复作用下的滞变耗能作用，提升隔震层的附加阻尼。同样是为提升支座耗能能力，FCLJC公司提出了高阻尼叠层橡胶支座，并将其应用于美国加州兰丘库卡蒙格（Rancho Cucamonga）的圣贝纳迪诺（San Bernardino）司法事务中心大楼，这也是美国建造的第一幢隔震建筑（图1-1）。高阻尼橡胶支座通过改善橡胶材料性能，使橡胶层在作水平向剪切运动时，同时也具备较强的滞回耗能能力。

图1-1　圣贝纳迪诺（San Bernardino）司法事务中心大楼——美国第一座隔震建筑

　　研究者除了致力于在隔震支座性能上进行改进，同时在支座形式上也进行了创新。美国加州大学伯克利分校的赞亚斯（V. A. Zayas）提出了摩擦摆隔震支座，并创办了地震保护体系（EPS）公司生产相关产品。摩擦摆支座利用了钟摆原理，并结合了摩擦阻尼特性，以实现减隔震效果。由于原理简单、隔震效果好等优点，摩擦摆支座在国内外受到了广泛研究，并应用于大量实际工程。

　　在隔震支座的种类和性能不断创新发展的同时，美国、日本、新西兰、法国等国家大力推动隔震技术的应用。隔震技术得到了大量工程实践的机会而日益完善，在这一过程中，工程界也积累了隔震技术工程应用经验。

3. 现代隔震技术与理论的成熟

　　20世纪90年代后，隔震技术与理论日趋成熟——分析模型从早期的单质点、多质点模型发展到三维空间模型；美国、日本、新西兰等国家相继推出建筑隔震设计规范、质量验收标准等文件，为工程应用提供了指导；此外，也有许多新型隔震技术被提出。

　　在理论方面，隔震技术知识体系逐渐形成，各国学者，如新西兰学者斯基奈尔（R. I. Skinner）、美国学者凯利（J. M. Kelly）等，开始编制橡胶隔震系统理论与应用的专著。基于理论体系，纳格雷杰哈（S. Nagarajaiah）等开发出一种专用于隔震结构的三维非线性动力分析程序3D-BASIS，并进行不断完善。

　　隔震结构设计规范及质量验收标准等各类指导文件，在美国、日本、新西兰等国推行。这使得隔震结构在工程中的可靠性得到了更好的保证，也有利于隔震元件，尤其是橡胶支座的工业化生产。各类指导文件的提出，推动了大型试验检测设备的发展，使大型隔震支座的足尺试验成为可能，也加速了各类高性能支座的开发和应用。

　　随着隔震技术应用的推广，新型隔震技术不断被提出，其中可以隔离三向地震动的三维隔震支座是近年来研究的热点。日本的柏崎（A. Kashiwazaki）等研究了一种由橡胶支座与空气弹簧组合而成的三维隔震支座；加贺山（M. Kagayama）等针对核电站提出了一种由线缆加强空气弹簧、防摇摆装置和黏滞阻尼器组成的三维隔震系统；春原（J. Suhara）等研究了一种由铅芯橡胶支座与空气弹簧串联组成的三维基础隔震装置，同样适用于核电站厂房等大型结构和建筑物。

　　日本的隔震建筑早期集中在重要建筑，如控制中心、医院等，近年来，已经将建筑隔震技术广泛应用于办公楼、公寓和高层建筑上。而在美国、新西兰等国家，由于隔震相关产品的验收规范、设计指南及规范等更偏保守，采用隔震技术的建筑基本都是重要的公共建筑，例如政府办公楼、医院、指挥中心等，几乎没有民用住宅采用隔震技术。

隔震技术还被用于历史建筑的保护与加固。典型的案例是 1989 年盐湖城市政厅的修复工程（图 1-2）。该建筑建于 1894 年，靠近沃萨奇（Wasatch）断裂带，由于是无筋砌体结构，被认为不利于抗震。在绝大多数保护方案都基于对原有结构大改的情况下，由艾伦（W. Allen）等提出的基础隔震保护方案，因其对原建筑损坏更少而被选中并得以实施。

图 1-2　犹他州盐湖城市政厅：第一座采用隔震技术保护的历史建筑

总的说来，以橡胶隔震支座为核心的现代隔震技术经历了五十余年的发展，实现了从理论研究到应用推广的进程。迄今为止，建筑隔震聚焦于重要建筑，或内有敏感、昂贵物件的大型结构。而在发展中国家，越来越多公共建筑（如医院、学校等）也开始采用隔震技术来提升建筑的抗震能力。

1.2　隔震技术的基本原理

隔震技术的基本原理

1.2.1　隔震体系组成

隔震体系通过在建筑结构中引入隔震层来隔离地震作用，同时使输入结构的绝大多数地震能量被隔震层内的耗能元件吸收，以起到控制结构响应的作用。隔震层将建筑结构划分为上部结构、隔震层和下部结构三部分。

上部结构是隔震层以上的结构，隔震层一般由隔震支座和阻尼器组成，下部结构则是包括基础在内的隔震层以下的部分，如图 1-3 所示。

隔震支座要求在地震中发生水平变形时，能够平稳地支承竖向荷载，即支座由于水平变形导致竖向承载力降低要尽可能小；同时通过隔震支座水平方向的低刚度特性，增大结构整体的自振周期，以减小地震作用。

隔震结构遭遇地震时，地震输入的能量小部分转化为隔震支座的

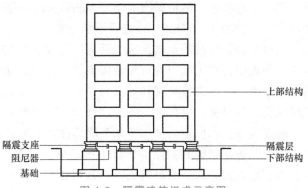

图 1-3　隔震建筑组成示意图

弹性应变能，主要部分则被阻尼器的弹塑性应变能和黏性性能吸收与耗散。阻尼器的作用是减少地震时产生的位移反应，最终吸收所有地震输入的能量。现有技术也常采用在支座中加入铅芯或采用高阻尼橡胶支座的方法，来增大隔震层的阻尼。这种直接形成有阻尼隔震支座的方法，既简化了施工，也降低了成本。

1.2.2 隔震技术原理

建筑结构的抗震设计，是通过结构的强度来抵抗地震作用，或者利用塑性变形能力消耗地震能量。这种设计理念在我国的抗震规范中，具体表现为"三水准、两阶段"设计方法。要提升结构"抗"的能力，必然需要采用提高材料强度、增大构件截面等方法，而地震作用是一种惯性力，结构质量增加也意味着更大的地震作用；另一方面，从经济性角度来讲，一味增强结构并不合理。同时，传统抗震采取结构与地面刚接的方法，地震作用在向上传递的过程中也将得到放大，轻则导致人员震感强烈，重则引发构件破坏。

隔震的理念与抗震不同。采用抗震设计和隔震设计的建筑结构在地震中的反应如图1-4所示。本质上，隔震追求"以柔克刚"，通过在结构中引入一个柔软的隔震层，使结构整体刚度降低，基本自振周期延长，自振频率降低，从而避开地震中能量最高的频率范围，减小地震动能量的输入；同时，隔震层的高阻尼特性保证地震能量的吸收与耗散，配合减小结构的响应。这样一来，相对位移将集中于刚度较低的隔震层，地震能量向上传递受到限制，上部结构的响应降低。隔震技术大大提高了结构在大震下的安全性和可靠性，是防灾技术中一项极为重要的创新。

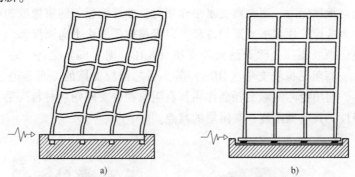

图 1-4　抗震建筑与隔震建筑的地震反应

a）抗震建筑　b）隔震建筑

图1-5给出了结构加速度反应谱以及位移反应谱。采用抗震设计方法的结构，刚度较大，基本周期较小，因此地震作用较大。引入隔震层后，结构整体刚度下降，结构基本周期延长，地震作用降低，而位移反应增加。提高结构阻尼，则可以使地震作用和位移响应都得到控制，这也是隔震体系进行结构振动控制的作用机理。

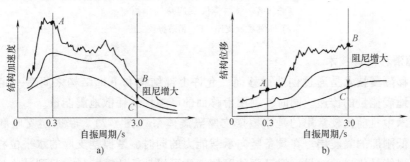

图 1-5　结构加速度反应谱与位移反应谱

a）加速度反应谱　b）位移反应谱

引入隔震层是隔震结构与传统抗震结构最大的区别。隔震层要求具备良好的竖向承压能力以及较低的水平刚度，需要具备恢复原状态的复位能力，同时需要阻尼以耗散地震能量。对于采用隔震设计的结构而言，由于隔震层隔离并消耗了地震动的能量，上部结构可视为处于弹性阶段，地震作用不会得到放大。通常来说，上部结构的地震响应可减小 40%~80%，使得结构构件、内部设备等都不会遭受大的损坏，结构内部的人员也不会有强烈的震感，无需进行大规模疏散，从而大大减少地震带来的损失。

1.3 建筑隔震的分类

1.3.1 按隔震技术类型划分

1. 叠层橡胶支座隔震技术

叠层橡胶支座是由橡胶薄片和薄钢板交互叠放，在一定高温、高压条件下，经硫化黏结而成。其原理是利用钢板弹性强、变形能力小的特性，对弹性模量很小且受压时会产生较大的横向膨胀的橡胶进行约束。受到约束的橡胶的中心部分近似为三轴受压的状态，从而保证支座有较高的竖向承载能力；当支座受水平作用时，叠层钢板不约束橡胶的剪切变形，支座的水平变形近似为各橡胶片水平变形的总和，以提供较低的水平向刚度。

常使用的叠层橡胶支座，除天然橡胶支座（NRB，图 1-6a）之外，还有铅芯橡胶支座（LRB，图 1-6b）、高阻尼橡胶支座（HRB）等。铅芯橡胶支座的原理是通过在叠层橡胶支座中心插入铅芯，利用铅芯的滞变耗能作用；高阻尼橡胶支座则从材料入手，通过配合剂等改变橡胶阻尼特性，具有低刚度、高阻尼的特点。

a)　　　　　　　　　　　　　　　　　　b)

图 1-6　叠层橡胶支座结构示意

a) 天然橡胶支座　b) 铅芯橡胶支座

2. 摩擦滑移隔震技术

摩擦滑移隔震技术是通过创造滑移面，允许上部结构和下部结构之间有一定的相对位移，以减少地震能量的传递。同时，利用滑移面的摩擦性质耗散地震能量。

此类技术中目前比较常用的是摩擦摆支座隔震体系（图 1-7）。摩擦摆支座利用了钟摆原理，引入低刚度的隔震层。在具备竖向承载能力的同时，摩擦摆支座的水平位移能力可以起到阻隔地震能量传递的效果；滑动面的摩擦性质可以耗散地震能量，起到减小地震响应的效果。

除摩擦摆支座外，还包括滑动支座、滚动支座、导轨支座等。其原理与摩擦摆支座类似，通过滑动性能好的装置，如滑板、滚轴、滚珠、导轨等，实现地震能量的隔离。目前，该类型隔震支座已广泛应用于振动控制领域，被证明具有显著的隔震效果。

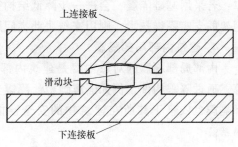

图 1-7　摩擦摆支座结构示意

3. 三维隔震技术

三维隔震技术近年来成为研究者关注的热点，原因在于地震动具有三维特征。研究表明，竖向振动对于建筑结构、精密仪器以及设备等有着不可忽视的影响。

目前常见的竖向隔震体系，包括叠层厚橡胶支座竖向隔震、碟形弹簧竖向隔震、线性弹簧竖向隔震、空气弹簧竖向隔震等。目前，对于三维隔震系统的研究主要集中在如何避免结构由于竖向低刚度发生的摇摆倾覆现象。此外，也有研究者通过引入负刚度体系形成竖向准零刚度，使竖向隔震系统同时获得高静承载力与低动刚度。

1.3.2　按隔震层的位置划分

1. 基础隔震

基础隔震的隔震层设置于基础之上，是应用最早、最广泛的一种隔震类型（图 1-8a）。基础隔震的原理最为直接，隔震层的构造相对简单，隔离地震的效果最优，并已具备相对完备成熟的技术理论体系。

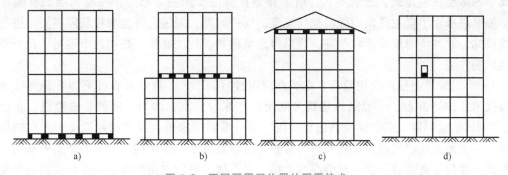

图 1-8　不同隔震层位置的隔震技术

2. 层间隔震

层间隔震的隔震层设置在建筑物的层间，将结构分成了上部结构和下部结构（图 1-8b）。层间隔震技术主要针对不便于采用基础隔震的竖向不规则建筑结构，可以灵活设置隔震层的位置。层间隔震技术的提出基于大量基础隔震结构的实际工程经验，是基础隔震技术应用的一种延伸。

3. 屋架或网架支座隔震

屋架或网架支座隔震是一种将隔震层设置在结构顶部的隔震类型（图 1-8c）。一般来说，上部屋架或网架的整体刚度、质量均较大，且具有较大跨度，容易形成下柔上刚的结构体系，导致水平地震作用下柱底处有较大弯矩；同时，由于大跨屋盖与柱顶间常做成点式支撑，若采用基础隔震，会进一步降低结构抗侧刚度，易产生过大侧向位移。大跨空间屋架或网架的支座隔震技术，则用来解决此类问题，优化结构刚度分布。

4. 建筑内部局部隔震

内部局部隔震的对象主要是建筑内部对振动敏感的精密仪器、设备、重要机房或文物等，通过隔震构件，例如隔震地板、隔震支座等，减轻对象的振动（图 1-8d）。建筑内部局部隔震也依赖于其所在建筑物的安全性能要求，以及是否能采用隔震技术的外部条件等因素。

1.4 我国隔震技术应用进展

我国隔震技术的应用，可以按照技术类型划分为两部分：第一部分为早期摩擦滑移隔震建筑的建设；第二部分则是橡胶支座隔震建筑的建设。

在摩擦滑移隔震建筑中，李立在北京主持建成的一栋四层砂垫层隔震建筑，是我国最早的隔震建筑。之后，大量摩擦滑移隔震建筑得以修建，例如刘德馨等在西昌主持修建了两幢采用摩擦滑移和限位消能元件相结合的五层单元式隔震住宅，周锡元等在新疆独山子主持建造了一栋采用聚四氟乙烯板和钢阻尼器的并联隔震体系五层砖混结构等。这些试点工程的涌现，与相关理论体系的完善是密不可分的。

对于橡胶支座隔震技术的应用，可分为以下三个阶段：

1）第一阶段是工程试点阶段。1991 年，在联合国工业发展署（UNIDO）国际项目支持下，周福霖等在汕头主持建成了一栋示范性八层框架隔震工程，是我国首栋采用叠层橡胶隔震支座的多层住宅建筑。之后不久，唐家祥等在河南安阳主持修建了一栋六层底框隔震建筑，隔震层采用了自主开发的叠层橡胶支座。同一时期，周锡元等也对橡胶隔震支座进行了系统研究，并与华南建设学院西院、西昌市建筑勘察设计院合作，在西昌市建造了若干隔震砖混结构住宅。

2）第二阶段是推广应用阶段。在试点应用过后，广大工程技术人员更加重视橡胶支座隔震技术。1995 年起，一批隔震建筑又陆续在广东、云南、四川、陕西等地建成。在这期间，"砌体结构隔震减震方法及其工程应用"等一系列国家重大攻关课题取得了丰富的科研成果。一方面，这些理论和试验成果为橡胶支座隔震技术的应用推广打下了坚实的基础；另一方面，橡胶工业界对于这一机会高度重视，国产橡胶隔震支座的研制和开发也因此具备了优良的条件。20 世纪 90 年代中后期，橡胶支座的自主研发和产业化成为发展的大趋势。这一时期，许多厂家具备了自主研发、生产橡胶支座的能力，也使得国产橡胶支座的价格较国外更为低廉；同时，技术规范（程）、产品标准陆续开始编制，标志着橡胶支座隔震技术正式进入了应用推广的阶段。从 1997 年开始，隔震建筑的面积明显增加。据统计，1997~2000 年的新建隔震结构的数量达到此前全部隔震结构数量的 90% 以上。

21 世纪伊始，隔震相关的规范、标准相继颁布。其中《建筑抗震设计规范》（GB 50011—2001）提出，隔震建筑的重点转为重要的、抗震要求高的建筑。自此，国内隔震技术的应用转向了大型公共建筑，例如宿迁文体综合馆和人防指挥大楼、甘肃黄羊川国际会议中心、广州大学行政办公楼、北京三里河的七部委联合办公楼等。

3）第三阶段是震后发展阶段。2008 年，汶川发生 8.0 级大地震，造成重大人员伤亡和经济损失。人们对建筑结构抗震性能更为重视的同时，也注意到甘肃武都的隔震建筑在地震中表现出的优异性能。在灾区，若干隔震示范工程得以修建，如映秀小学和幼儿园、绵阳遵道镇援建的学校和医院等。2009年，全国校舍安全工程的启动，推动建设了一批采用隔震技术的中小学校。

《建筑抗震设计规范》（GB 50011—2010）于2010年5月31日发布，并于2010年12月1日正式开始实施，2016年进行了修订。规范3.8.1条规定"隔震与消能减震设计，可用于对抗震安全性和使用功能有较高要求或专门要求的建筑。"这意味着国家对隔震技术的推广应用持更加鼓励的态度。

1.5　我国建筑隔震规范及标准

我国国家科学技术委员会、国家自然科学基金委员会等主持的隔震研修项目，于20世纪90年代中期先后通过鉴定。为了加速推广研究成果，先后组织编制了相关规程和产品标准，全面开展技术立法工作。

《建筑抗震设计规范》（GB 50011—2010）是中华人民共和国国家标准，由中国建筑科学研究院会同有关设计、勘察、研究和教学单位对《建筑抗震设计规范》（GB 50011—2001）（2008年版）进行修订而成。针对隔震与消能减震技术的发展，规范单独划分出一章，对相关技术提出了新的要求。该规范隔震相关内容参考、借鉴了部分国外相关规程及研究成果，并结合了国内设计施工经验，主要内容包括一般规定、隔震房屋的计算要点、隔震房屋的构造措施、消能减震房屋设计要求、隔震部件和消能部件的性能要求等。

《叠层橡胶支座隔震技术规程》（CECS 126：2001）是中国工程建设标准化协会标准，2001年11月1日正式施行。该规程主要针对叠层橡胶支座隔震技术在房屋和桥梁工程中应用的相关技术要求做出规定，主要内容包括隔震结构基本要求、房屋结构隔震设计、桥梁结构隔震设计、隔震层部件的技术性能和构造要求、隔震结构的施工及维护。

《建筑隔震橡胶支座》（JG/T 118—2018）是建筑工业行业标准，用以替代原有的《建筑隔震橡胶支座》（JG 118—2000），于2018年6月26日发布，2018年12月1日实施。该标准结合过去近20年来橡胶支座在隔震建筑中的应用，对部分参数、性能要求、试验方法等进行了修订、增补和完善，规定了建筑隔震橡胶支座的术语和定义、符号、分类与标记、要求、试验方法、检验规则、标志、包装、运输和贮存等。

《橡胶支座》（GB/T 20688.1~5）系列国家标准是有关橡胶支座产品性能和试验方法的国家标准。该系列国家标准分为五个部分：《橡胶支座　第1部分：隔震橡胶支座试验方法》（GB/T 20688.1—2007）；《橡胶支座　第2部分：桥梁隔震橡胶支座》（GB 20688.2—2006）；《橡胶支座　第3部分：建筑隔震橡胶支座》（GB 20688.3—2006）；《橡胶支座　第4部分：普通橡胶支座》（GB 20688.4—2007）；《橡胶支座　第5部分：建筑隔震弹性滑板支座》（GB 20688.5—2014）。

《建筑隔震工程施工及验收规范》（JGJ 360—2015）是建筑工业行业标准，于2015年6月颁布，2015年12月1日起施行。该规范针对我国隔震建筑施工和使用维护中现存的问题提出了要求，对我国隔震技术的应用推广有着十分积极的作用。该规范主要包括基本规定、材料、施工、分项工程验收、子分部工程验收、维护等内容。

规范与产品标准，对于隔震技术的应用来说都是不可或缺的。规范（程）是技术法规，主要解决设计应用中的问题；产品标准是工业行业标准，主要规范生产、统一产品的质量要求及检验、检测方法。目前，我国隔震技术的主要技术规范体系已基本形成，后续完善工作也在持续地进行。毫无疑问，这对推动隔震技术的发展和应用有着十分积极的作用。

【思 考 题】

1. 隔震建筑与抗震建筑的最主要区别是什么？
2. 隔震体系的组成部分有哪些？
3. 隔震建筑按隔震层位置可划分为哪些种类？
4. 简述建筑隔震技术降低结构地震响应的原理。
5. 我国建筑隔震技术应用主要有哪几部分、哪几个阶段？各阶段的划分标志是什么？

第 2 章　建筑隔震装置

【学习目标】
1. 熟悉建筑隔震装置的类型及其参数。
2. 了解不同建筑隔震装置的性能要求和设计方法。

隔震支座是实现建筑隔震功能的关键部件，与结构梁、柱或墙一起构成隔震建筑体系。在建筑结构的建造和使用过程中，隔震支座会持续受到竖向荷载和水平荷载作用，这就要求隔震支座竖向具有足够的刚度和承载能力，水平向具有足够的变形能力和稳定性；同时隔震支座还要具有足够的耐久性，使用寿命不应低于建筑物的设计基准期。目前在建筑领域内使用的隔震支座主要有变形类支座和摩擦滑移类支座等两大类，前者的代表为叠层橡胶支座，后者的代表为摩擦摆支座。

建筑隔震装置

2.1　叠层橡胶支座简介

常规的叠层橡胶支座是由几毫米厚的橡胶薄片和薄钢板交互叠放，在一定高温、高压条件下，经硫化黏结而成。橡胶材料弹性模量很小，泊松比接近 0.5，体积近似具有不可压缩性。因此，橡胶受压时会产生较大的横向膨胀，而钢板弹性模量大，相同外力作用下变形小。将两者配合使用，当支座竖向受压时，橡胶片与钢板均沿径向变形，但钢板的变形比橡胶小很多，所以橡胶会受到钢板的约束，支座的中心部分近似为三轴受压的状态，从而限制橡胶竖向压缩变形，保证支座有较高的竖向承载能力；当支座受水平作用时，叠层钢板不能约束橡胶的剪切变形，支座的水平变形近似为各橡胶片水平变形的总和，因此支座具有较大的水平变形能力。目前常使用的叠层橡胶支座主要有天然橡胶支座（NRB）、铅芯橡胶支座（LRB）、高阻尼橡胶支座（HRB）等。

如图 2-1 所示，天然橡胶支座主要构造包括：上、下连接板，上、下封板，内部橡胶层，内部钢板层以及橡胶保护层。支座中心常有圆孔，是为了在制作过程中的硫化工序时，外部加热的热量分布均匀，从而保证产品质量。由于天然橡胶支座耗能能力不强，常与阻尼器一同构成隔震系统。

如图 2-2 所示，铅芯橡胶支座是在叠层橡胶支座的中心位置或中心周围部位竖直地压入或插入具有良好耗能能力的铅芯而成。其生产工艺通常是在制作完成天然橡胶支座以后，再将计算好体积的铅芯压入天然橡胶支座的预留孔内。铅芯橡胶支座的力学性能是天然橡胶支座和铅芯阻尼器的叠加，通过铅芯的剪切变形来吸收和耗散能量。由于可以通过调节铅芯的直径或数量来调整阻尼，铅芯橡胶支座的设计具有较大的灵活性。使用金属铅的原因是铅在经过冷变形后，可在常温下再结晶。在荷载反复作用下，铅芯橡胶支座可以保持稳定性能，且具有良好的耐久性。同时，铅的加入也增加了支座的早期刚度，对控制风荷载响应和抵抗来自地基的微振动有利。铅芯橡胶支座可以单独地在隔震系统中使用。

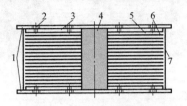

图 2-1　天然橡胶支座

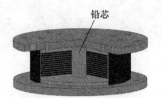

图 2-2　铅芯橡胶支座

1—连接板　2—螺栓　3—封板　4—中孔
5—内部橡胶　6—钢板　7—橡胶保护层

高阻尼橡胶支座采用高阻尼橡胶制作而成，其形状和构造都与天然橡胶支座相同，但由于引入了高阻尼橡胶，具有吸收和耗散振动能量的功能。高阻尼橡胶一般是在普通橡胶和合成橡胶的聚合体中加入石墨填充剂（炭黑）、补强剂、硫化剂、可塑剂等配制而成。通过调整炭黑的加入量以及各种配合剂的混合比，可以改变高阻尼橡胶支座的阻尼特性，通常可使等效黏滞阻尼比达到 10%~25%。

叠层厚橡胶支座通过增大橡胶层的单层厚度（可以达到十几毫米，甚至几十毫米）、减少橡胶层数，使支座的竖向刚度大大降低，不仅可以发挥一般橡胶支座的水平隔震功能，还可以在一定程度上提高结构的竖向隔震性能。这种支座目前也已经得到了工程应用。

2.2　叠层橡胶隔震支座的材料

叠层橡胶支座材料主要包括橡胶和铅芯。

2.2.1　橡胶

橡胶材料的性能直接决定了隔震支座的力学性能和耐久性能。一般而言，橡胶材料应进行如下性能的检验：

1）拉伸性能，包括拉伸强度、扯断伸长率和 100% 应变时的弹性模量。

2）老化性能，包括拉伸强度变化率、扯断伸长率变化率和 100% 应变时弹性模量变化率。

3）硬度。

4）黏合性能，即橡胶与金属黏合强度。

5）压缩永久变形。

6）剪切性能，包括剪切模量、等效阻尼比、剪切模量和等效阻尼比的温度相关性、剪切模量和等效阻尼比的反复加载次数相关性、破坏剪应力和破坏剪应变。

7）脆性。

8）抗臭氧性能。

9）低温结晶性能。

在叠层橡胶隔震支座的制作过程中，首先是在橡胶中添加各种添加剂，如炭黑、硫化剂、补强剂等，然后经过加压、加热过程进行硫化，使支座各部分紧密结合形成整体。由于所使用的配方以及生产工艺存在差别，不同厂家的产品性能也有很大差异，在进行叠层橡胶支座的设计时应对相关产品性能提出要求。

橡胶材料的特征是弹性模量低、变形能力强，其泊松比 ν 约为 0.5。橡胶材料的弹性模量 E_0 和剪切模量 G 存在以下关系：

$$E_0 = 2(1+\nu)G \tag{2-1}$$

将 $\nu = 0.5$ 代入式（2-1），可以得到橡胶材料弹性模量 E_0 和剪切模量 G 的关系：

$$E_0 = 3G \tag{2-2}$$

橡胶内添加各种添加剂之后，其实际弹性模量与理论弹性模量并不相同，因此需要进行修正。通常是根据橡胶的硬度来进行修正，公式如式（2-3）、式（2-4）所示：

$$E_c = E_0(1+2\kappa S_1^2) \tag{2-3}$$

$$E_r = E_0\left(1+\frac{2}{3}\kappa S_1^2\right) \tag{2-4}$$

式中 E_c——压缩时的弹性模量（MPa）；

E_r——弯曲时的弹性模量（MPa）；

κ——与硬度有关的体积弹性模量修正系数；

S_1——第一形状系数，参见 2.3.1 节"几何特征参数"。

P. B. Lindley 提出了弹性模量修正系数 κ 与天然橡胶剪切模量 G 的关系，见表 2-1。

表 2-1 修正系数 κ 与剪切模量 G 的关系

G/MPa	0.29	0.36	0.44	0.53	0.63	0.79	1.04
κ	0.93	0.89	0.85	0.80	0.73	0.64	0.57

其近似表达式为

$$\kappa = 0.97939 + 0.17734G - 1.4516G^2 + 0.86783G^3 \tag{2-5}$$

同时，考虑到叠层橡胶支座的橡胶层很薄，并且受到钢板的约束，因此，引入体积弹性模量 E_b 对橡胶的弹性模量进行修正。修正公式为

$$E_{cb} = \left(\frac{1}{E_c} + \frac{1}{E_b}\right)^{-1} \tag{2-6}$$

$$E_{rb} = \left(\frac{1}{E_r} + \frac{1}{E_b}\right)^{-1} \tag{2-7}$$

弹性模量修正系数 κ、弹性模量 E_0、体积弹性模量 E_b、剪切弹性模量 G 与天然橡胶材料的硬度之间的关系，见表 2-2。

工程所使用的高阻尼橡胶材料，通常采用共混、共聚、改性等方法制作。共混是指通过化学或物理的方法将两种及以上聚合物互相贯穿并缠结形成聚合物网络，常用的共混组合有橡胶与橡胶共混、橡胶与塑料共混、橡胶与纤维共混等；共聚是指采用种子乳液聚合方法合

表2-2　橡胶材料参数与硬度的关系

橡胶国际硬度	κ/MPa	E_0/MPa	E_b/MPa	G/MPa
30	0.93	0.92	$1.00×10^3$	0.29
40	0.85	1.50	$1.00×10^3$	0.44
50	0.73	2.20	$1.03×10^3$	0.63
60	0.57	5.34	$1.15×10^3$	1.04
70	0.53	7.34	$1.27×10^3$	1.72

成互穿聚合物网络，比如 PVA/PBA 乳胶互穿聚合物网络；改性是指在橡胶的制作过程中掺加各种添加剂，比如炭黑、补强剂、各种填料（石墨、云母、二氧化硅、压电陶瓷等）以及其他防老化剂、促化剂等。高阻尼橡胶在动态力作用下具有明显的黏弹性，受温度、频率和应变幅值的影响较大。此外不同厂家、不同的生产工艺也会导致高阻尼橡胶性能的极大变化，所以设计者使用时，需要谨慎对待厂家提供的生产资料及检验报告。

2.2.2　铅

铅是一种晶体材料，密度大，但是硬度非常低，延展性强，在应力较小时就会发生剪切屈服，其屈服剪应力约为 10MPa。在一定的温度下，铅具有动态再结晶功能，即变形后可以存储变形能用于再结晶，而不发生破坏。除此以外，铅还是仅有的一种在室温下做塑性循环时不会发生累积疲劳现象的普通金属，变形循环几千次，其原有的力学性能保持不变，而且其提供的阻尼力大小与变形速率无关。因此铅是一种非常优秀的耗能材料，一般铅芯橡胶支座的阻尼比可以达到 10%~20%。

铅的本构关系曲线表现为图2-3的形式，为理想弹塑性模型。屈服前应力-应变呈线性关系，

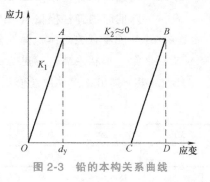

图2-3　铅的本构关系曲线

屈服后曲线近似为水平，耗能特性突出；卸载时，卸载刚度与初始刚度相同。因为铅是一种没有明显屈服现象的材料，故规定其屈服应力为塑性应变 $\varepsilon_s = 0.2\%$ 对应的名义屈服强度。铅的常温力学性能见表2-3。

表2-3　铅的常温力学性能

抗拉强度 σ_b/MPa	屈服强度 $\sigma_{0.2}$/MPa	断后伸长率 $\delta(\%)$	硬度 HB 或 HV /MPa	弹性模量 E/GPa	剪切模量 G/GPa
15~18	5~10	50	4~6	11~18	5.815

将铅芯插入或者压入天然橡胶支座形成铅芯支座，铅芯能与橡胶支座紧密结合，变形一致。铅芯橡胶支座同时拥有了天然橡胶支座良好、稳定的水平变形能力、自复位特性以及铅芯良好的耗能能力。此外，铅芯的加入还可以提高支座的初始刚度，有利于控制支座在风荷载和地基微振动下的响应。

2.3 叠层橡胶隔震支座的结构特征参数

2.3.1 几何特征参数

1. 第一形状系数

第一形状系数 S_1 与橡胶层受压面积及单层橡胶厚度有关，按下式计算：

$$S_1 = \frac{\text{橡胶受约束的受压面积}}{\text{单层橡胶的自由表面积(侧面积)}} \tag{2-8}$$

各种类型的叠层橡胶支座第一形状系数 S_1 计算公式见表 2-4。

表 2-4 第一形状系数 S_1 计算公式

截面形状	开孔情况	S_1	截面形状	开孔情况	S_1
圆形	无中孔	$S_1 = \dfrac{D}{4t_r}$	正方形	有中孔	$S_1 = \dfrac{4a^2 - \pi d^2}{4t_r(4a + \pi d)}$
	有中孔	$S_1 = \dfrac{D-d}{4t_r}$	矩形	无中孔	$S_1 = \dfrac{ab}{2t_r(a+b)}$
正方形	无中孔	$S_1 = \dfrac{a}{4t_r}$		有中孔	$S_1 = \dfrac{4ab - \pi d^2}{4t_r(2a + 2b + \pi d)}$

注：1. D 为支座直径，t_r 为单层橡胶层厚度，d 为支座中孔直径，a 为正方形边长或者矩形长边，b 为矩形短边。
2. 当支座中孔灌铅时，按无中孔计算。

第一形状系数 S_1 表征支座的竖向性能，S_1 越大，说明橡胶层越薄，钢板对其约束越强，支座的竖向刚度和承载力就越高。但是在支座高度一定的条件下，橡胶层越薄，所需钢板越多，经济性越差。一般来说，对于 $S_1 \geqslant 15$ 的支座，其竖向极限受压承载力可以达到 90MPa 以上，而现行规范中使用上限不超过 15MPa，完全可以满足设计要求。

2. 第二形状系数

第二形状系数 S_2 与橡胶层受压面的最小尺寸及橡胶层总厚度有关，按下式计算：

$$S_2 = \frac{\text{橡胶受压面的最小尺寸}}{\text{橡胶层总厚度}} \tag{2-9}$$

第二形状系数 S_2 是支座橡胶层的宽高比，控制的是支座的压屈强度和水平刚度。S_2 越大，说明橡胶总厚度越薄，稳定性越好、竖向承载力越大，但是水平刚度也越大。二者相互制约，通常隔震效果越好，需要支座越厚，水平刚度越小，即 S_2 越小越好，但是 S_2 越小，在竖向荷载作用下，支座发生剪切变形时就越容易失稳。试验表明，$S_2 \geqslant 5$ 时，轴力变化对支座竖向稳定性能影响不大，所以相关规范规定，$S_2 \geqslant 5$，如果 $S_2 < 5$，则要求降低支座设计压应力。

2.3.2 力学特征参数

1. 竖向刚度

竖向刚度是指叠层橡胶支座产生单位竖向位移所需施加的竖向荷载，记为 K_v：

$$K_v = \frac{P}{\delta_v} \qquad (2\text{-}10)$$

式中 P——竖向荷载（kN）；

  δ_v——对应的竖向变形（mm）。

由于橡胶支座的刚度主要取决于橡胶的刚度，理论上竖向压缩刚度可以按照下式计算：

$$K_v = \frac{E_{cb} A}{T_r} \qquad (2\text{-}11)$$

式中 A——支座内部受约束橡胶层面积（mm²）；

  T_r——支座的橡胶层总厚度；

  E_{cb}——考虑体积弹性模量修正后的压缩弹性模量（MPa）。

试验表明，初期拉伸刚度一般是压缩刚度的 1/5～1/10。

2. 竖向极限压应力、竖向设计压应力与竖向极限拉应力

竖向极限压应力是指在剪应变为 0 的情况下，支座能承担的最大压应力，与橡胶层与钢板的厚度比、钢板材料性质及第一形状系数有关。它是确保支座正常使用的重要指标，也是直接影响支座在地震中各项力学性能的重要指标。规范规定，叠层橡胶支座竖向极限承载强度不应低于 90MPa。

根据建筑安全等级取不同的安全系数，可以得到支座压应力的设计值。甲类建筑安全系数取 9，设计压应力 10MPa；丙类建筑安全系数取 6，设计压应力 15MPa；乙类建筑取中间值 12MPa。此外，当支座直径 $D \le 300mm$ 时，丙类建筑设计压应力上限取 10MPa。当第二形状系数 $S_2 < 5$ 时，应该降低支座的设计压应力，当 $4 < S_2 < 5$ 时，降低 20%，$3 < S_2 \le 4$ 时降低 40%。

叠层橡胶支座大多数情况下是受压的，但是在较大水平剪切变形的情况下，由于竖向荷载的 $P\text{-}\Delta$ 效应及剪力作用，可能会产生较大弯矩，从而使支座内部产生拉应力。支座受拉变形后，外观上可能未见损伤，但是内部可能会造成钢板层与橡胶层的离析，形成空隙或者橡胶层的破损，支座的整体性能会有大幅降低。试验表明，叠层橡胶支座在经受较大受拉变形后再受压，竖向刚度会降低 50% 左右。规范规定，支座受拉承载力不应小于 1.5MPa，正常使用状态下的支座应处于受压状态，地震作用下的支座拉应力应控制在 1.0MPa 内。

3. 水平刚度

叠层橡胶支座的水平刚度是指支座上下板间产生单位相对位移所需施加的水平力，记为 K_h。根据哈林克斯（Haringx）理论，将支座看成在水平和竖向压力 P 同时作用下的压弯杆，可以得到支座的水平刚度：

$$K_h = \frac{P^2}{2k_r q \tan(qH/2) - PH} \qquad (2\text{-}12)$$

式中 H——支座的橡胶层总高度与钢板总高度之和（mm）；

  q——支座刚度转换系数，$q = \sqrt{\dfrac{P}{k_r}\left(1 + \dfrac{P}{k_r}\right)}$；

  k_r——支座的有效弯曲刚度，$k_r = E_{rb} I \dfrac{H}{T_r}$；

  E_{rb}——体积弹性模量修正后的橡胶弯曲弹性模量；

当竖向压力为 0 时，支座处于纯剪切状态，此时水平刚度可以用下式表示：

$$K_h = \frac{GA}{T_r} \tag{2-13}$$

4. 水平极限剪切变形和稳定

叠层橡胶支座的水平剪切变形是指上下板面产生的最大水平相对位移，用剪应变 $\gamma = \frac{\delta_H}{T_r}$ 来表示，即支座上下板面相对位移与支座橡胶层总厚度的比值。

极限剪切位移状态指支座出现破坏、屈曲或倾覆的现象。国内外试验表明，在保持恒定设计压应力下，出现水平剪切破坏变形是剪应变均超过了 400%，最大位移超过 0.65D，而在 $\gamma < 350\%$ 时，叠层橡胶支座不会出现破坏。规范规定，橡胶支座水平极限剪切变位不应小于橡胶总厚度的 350%。

叠层橡胶支座发生水平剪切变形时，上下连接板带动支座整体错动，有效承压面积将随之减小，如图 2-4 所示，受压区的应力也会急剧增高，同时还带来了失稳破坏的问题。规范规定，橡胶支座设计水平极限变形为 0.55D，支座的设计竖向极限压力为支座发生 0.55D 水平变形时所能承担的最大压应力值，不超过这个值，支座就不会出现失稳破坏。对于结构设计者来说，应按照《建筑抗震设计规范（2016 年版）》（GB 50011—2010）的规定，叠层橡胶支座在竖向平均压应力限值下的极限水平变

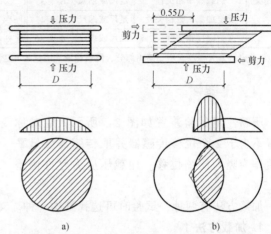

图 2-4　叠层橡胶支座水平变形后受荷示意图
a）无水平变形　b）承受水平变形

位，应大于其有效直径的 0.55 倍和支座内部橡胶总厚度 3 倍此二者中的较大值。

5. 阻尼比

在隔震结构体系中，隔震结构体系的上部结构在地震中基本处于弹性状态，提供的阻尼很少，变形集中于隔震层，所以主要由隔震层提供附加阻尼。

对于天然橡胶支座，其滞回环包络面积非常小，滞回特性基本上不受轴力和变形过程的影响，不能提供足够的阻尼，其耗能能力不强，常须搭配阻尼器来实现隔震层的耗能功能。铅芯橡胶支座通过孔内的铅棒变形来耗能，相当于铅阻尼器和天然橡胶隔震支座的组合，可以通过调整铅芯的直径和数量来调整附加阻尼比的大小。高阻尼橡胶支座则是通过采用高阻尼的橡胶材料来实现耗能，其附加阻尼比与高阻尼橡胶的厂家、生产工艺等有关，通常可使等效黏滞阻尼比达到 10% ~ 25%。

2.4　叠层橡胶隔震支座的力学性能要求及检验

根据《橡胶支座 第 1 部分：隔震橡胶支座试验方法》（GB/T 20688.1—2007），叠层橡胶支座力学性能试验项目见表 2-5。根据《橡胶支座 第 3 部分：建筑隔震橡胶支座》（GB/T 20688.3—2006）的规定对建筑隔震橡胶支座进行计算。

表2-5 叠层橡胶支座力学性能试验项目

性能	试 验 项目	试件要求	相关条款	性能	试 验 项目	试件要求	相关条款
压缩性能	竖向压缩刚度	足尺	6.3.1*	压缩性能相关性	剪应变相关性	足尺或缩尺	6.4.6*
	压缩位移				压应力相关性		6.4.7*
剪切性能	水平等效刚度	足尺	6.3.2*	极限剪切性能	破坏剪应变,破坏剪力	足尺或缩尺	6.5*
	等效阻尼比				屈曲剪应变,屈曲剪力		
	屈服后刚度				倾覆剪应变,倾覆剪力		
	屈服力			拉伸性能	破坏拉力	足尺或缩尺	6.6*
剪切性能相关性	剪应变相关性	足尺	6.4.1*		屈服拉力		
	压应力相关性	足尺	6.4.2*		拉伸破坏和屈服时对应的剪应变		
	加载频率相关性	足尺或缩尺	6.4.3*	低速变形的反力性能	低速率变形时的剪切模量	足尺缩尺	6.8*
	反复加载次数相关性	足尺或缩尺	6.4.4*				
	温度相关性	足尺或缩尺	6.4.5*				

注: * 表示为《橡胶支座 第1部分: 隔震橡胶支座试验方法》(GB/T 20688.1—2007)中相应条款。

2.4.1 压缩性能

压缩性能试验装置如图2-5所示,应对称布置不少于2个位移传感器并取传感器测量平均值作为竖向压缩位移。加载压应力允许偏差为±5%。

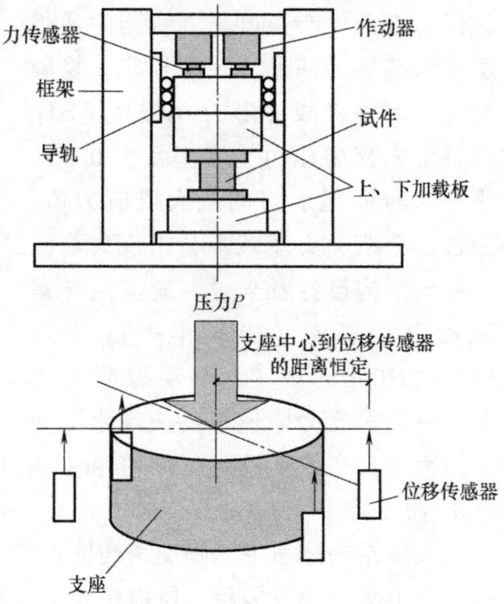

加载方法有两种,试验时可选择其中一种。

1. 加载方法1

按 $0 \rightarrow P_{max} \rightarrow 0$ 往复循环加载3次,P_{max} 为最大设计压力,如图2-6a所示。$P_2 = 1.3P_0$,$P_1 = 0.7P_0$,P_0 为设计压力。

2. 加载方法2

按 $0 \rightarrow P_0 \rightarrow P_2 \rightarrow P_1$ (第1次加载),$P_1 \rightarrow P_0 \rightarrow P_2 \rightarrow P_0 \rightarrow P_1$ (第2次加载),$P_1 \rightarrow P_0 \rightarrow P_2 \rightarrow P_0 \rightarrow P_1$ (第3次加载),如图2-6b所示。

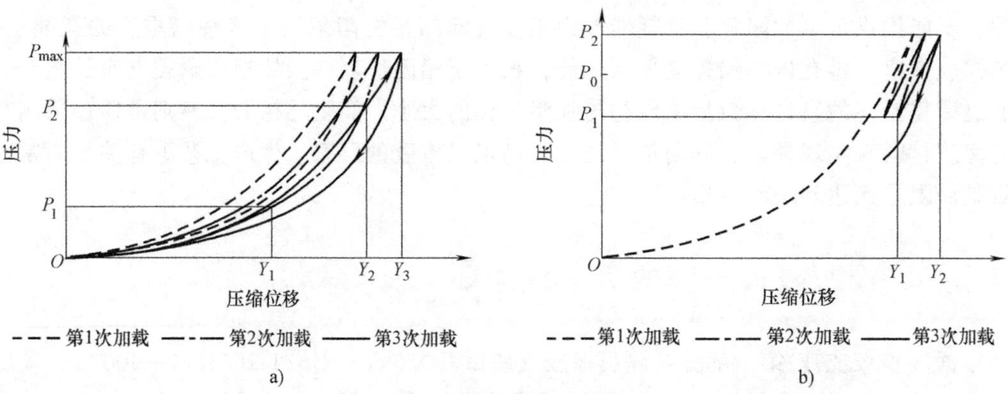

图2-5 压缩性能试验装置示意图

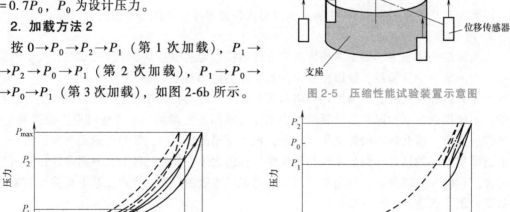

a)

b)

图2-6 压缩性能试验加载方法
a) 加载方法1 b) 加载方法2

竖向压缩刚度按下式计算：

$$K_v = \frac{P_2 - P_1}{Y_2 - Y_1} \tag{2-14}$$

式中　Y_1、Y_2——第 3 次循环加载中 P_1、P_2 对应的位移。

试验标准温度为 23℃，否则应对试验结果进行温度修正。竖向压缩刚度的允许偏差为 ±30%。

2.4.2　剪切性能

剪切性能试验装置如图 2-7 所示。应在恒定压力下施加剪切位移测定支座的剪切性能，试验过程中，恒定压力允许偏差为 ±10%，剪切位移允许偏差为 ±5%。

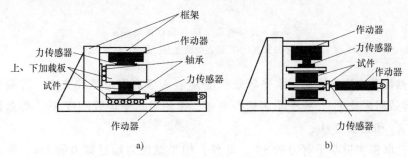

图 2-7　剪切性能试验装置
a）单剪法　b）双剪法

试验宜优先采用单剪法，当采用双剪法时，两个试件的竖向刚度相差应在 20% 以内，测得的剪切性能为两个试件的平均值。当需要判断每个试件的性能时，应采用三个试件量，以两两配对的方式进行判断。

加载时可采用 3 次或者 11 次循环加载，剪切性能计算取第 3 次循环的测试值，或者取第 2~11 次循环测试平均值。

水平等效刚度 K_h、等效阻尼比 ξ_{eq}、屈服后刚度 K_d 和屈服力 Q_d 按下式计算：

$$K_h = \frac{Q_2 - Q_1}{X_2 - X_1} \tag{2-15}$$

$$\xi_{eq} = \frac{2\Delta W}{\pi K_h (X_2 - X_1)^2} \tag{2-16}$$

$$K_d = \frac{1}{2} \left(\frac{Q_1 - Q_{d1}}{X_1} + \frac{Q_2 - Q_{d2}}{X_2} \right) \tag{2-17}$$

$$Q_d = \frac{1}{2} (Q_{d1} - Q_{d2}) \tag{2-18}$$

式中　Q_1——最大剪力（N）；

　　　Q_2——最小剪力（N）；

　　　X_1——最大位移（mm）；

　　　X_2——最小位移（mm）；

Q_{d1}、Q_{d2}——滞回曲线正向和负向与剪力轴的交点（N）；

　　　ΔW——滞回曲线的包络面积（mm²），如图 2-8 所示。

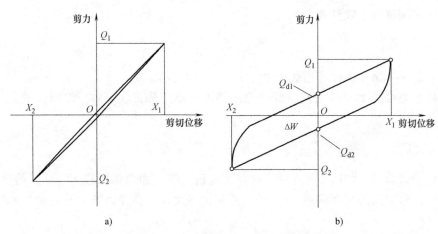

图 2-8 叠层橡胶支座剪切性能的测定

a）天然橡胶支座 b）铅芯橡胶支座、高阻尼橡胶支座

对于天然橡胶支座，需测量水平等效刚度 K_h；对于高阻尼橡胶支座，需测量水平等效刚度 K_h 和等效阻尼比 ξ_{eq}；对于铅芯橡胶支座，需测量水平等效刚度 K_h、等效阻尼比 ξ_{eq}、屈服后刚度 K_d 和屈服力 Q_d。

试验时，摩擦力应小于剪力的 3%。此外，如果惯性力超过剪力的 1%，则需要考虑惯性力对剪力的修正；如果摩擦力超过剪力的 1%，则需要考虑摩擦力对剪力的修正；试验标准温度为 23℃，否则也应对试验结果进行温度修正。

2.4.3 相关性性能

（1）剪切性能的剪应变相关性 测定剪应变对剪切性能的相关影响时，剪应变允许偏差为 ±5%。试验加载时宜按剪应变递增的顺序进行，基准剪应变宜为设计剪应变 γ_0。

（2）剪切性能的压应力相关性 测定压应力对剪切性能的相关影响时，压应力允许偏差为 ±5%。试验过程中，压应力波动的允许范围为 ±10%。试验加载时宜按压应力递增的顺序进行，基准压应力宜为设计压应力 σ_0。

（3）剪切性能的加载频率相关性 测定加载频率对剪切性能的相关影响时，加载频率宜采用 0.001Hz、0.005Hz、0.01Hz、0.1Hz、0.5Hz、1.0Hz、2.0Hz。加载频率应按照递增的顺序改变，基准加载频率宜为 0.5Hz。

（4）剪切性能的反复加载次数相关性 测定反复加载次数对剪切性能的相关影响时，反复加载次数为 50 次。应测定第 1、3、5、10、30 和 50 次循环的剪切性能，基准值宜取第 3 次的测试值，或取第 2~11 次循环的测试平均值。

（5）剪切性能的温度相关性 测试温度对剪切性能的相关影响时，宜采用 -20℃、-10℃、0℃、23℃、40℃的试验温度。试验前，可将试件放在温度控制箱中，待达到指定温度后，在 30min 内转移至试验装置中并完成试验。除铅芯橡胶支座外，温度相关性试验也可用 2 片、4 片剪切型橡胶材料试件代替。基准温度应为（23±2）℃。在特别寒冷地区，环境温度低于 -20℃时，可采用支座的使用环境温度。温度变化应按递减或递增顺序进行。

（6）压缩性能的剪应变相关性 测定剪应变对压缩性能的相关影响时，宜在 0、$0.5\gamma_0$、γ_0、$1.5\gamma_0$ 中选取 3 个剪应变水准进行试验。剪应变的允许偏差为 ±5%。基准剪应变为 0。

（7）压缩性能的压应力相关性 测定压应力对压缩性能的相关影响时，宜取 $\sigma_0 \pm 0.3\sigma_0$、$\sigma_0 \pm 0.5\sigma_0$、$\sigma_0 \pm 1.0\sigma_0$ 的竖向加载应力，剪切位移为 0，加载压应力的允许偏差为 ±5%，基准加载条件为 $\sigma_0 \pm 0.3\sigma_0$。

2.4.4 极限剪切性能

通常需测定支座在最大设计压力下的极限剪切位移能力。对于用凹槽暗销连接的支座和可能承受拉力的支座，还应测定支座在最小设计压力下的极限剪切位移能力，以两者较小值作为该类支座的极限剪切状态。

极限剪切位移状态指支座出现破坏、屈曲或倾覆的现象。如果当剪切位移达到指定极限剪切位移时，没有明显的破坏迹象，并且剪力和位移的关系曲线单调增加，则可停止试验，根据最大剪力和剪切位移确定支座的极限剪切性能。

2.4.5 拉伸性能

拉伸性能试验应在恒定的剪切位移下，施加拉力，直至支座发生屈服或破坏的情况，确定其屈服或破坏时的拉力和剪切位移。试验时，应在试件周围对称布置不少于两个位移传感器，取所测的平均数据作为测试值。

试验剪应变可选取 0、±5%、±10%、±25%、±75%、±100%、±150%、±175%、±200%、±250%、±300%、±400% 中的一个应变值，允许偏差为 ±5%。试验时拉力应低速施加，拉力与位移的关系如图 2-9 所示。

屈服拉力可由下列方法求出：

1）通过原点和曲线上与剪切模量 G 对应的拉力作一条直线（G 为设计拉力、设计剪应变作用下的剪切模量）。

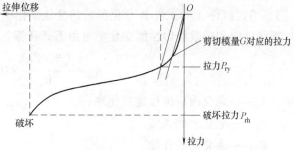

图 2-9 拉伸性能试验的拉力和位移关系图

2）将上述直线水平偏移 1% 的内部橡胶总厚度。

3）偏移线和试验曲线相交点对应的力即为屈服拉力。

2.5 叠层橡胶隔震支座的耐久性能要求及检验

叠层橡胶支座采用橡胶和钢板，其耐久性能主要取决于橡胶材料的耐久性能。根据《橡胶支座 第1部分：隔震橡胶支座试验方法》（GB/T 20688.1—2007）规定，叠层橡胶支座耐久性能试验项目见表 2-6。

表 2-6　叠层橡胶支座耐久性能试验项目

性　　能	试 验 项 目	试件要求	相关条款
耐久性能	老化性能	足尺或缩尺	6.7.1*
	徐变性能		6.7.2*
	疲劳性能		6.7.3*

* 表示为《橡胶支座　第1部分：隔震橡胶支座试验方法》（GB/T 20688.1—2007）中相应条款。

2.5.1　老化性能

引起橡胶材料老化的原因主要包括来自外部的物理作用（如光、热、外力等）和内部的化学反应（如聚合区、填充材料等）。叠层橡胶支座中的橡胶由于支座构造和使用环境，受光、热等影响较小，主要是氧化作用使橡胶硬化，改变其物理性能。

虽然裸露橡胶片的老化比较快，但是叠层橡胶支座中的保护橡胶层氧化后，一定程度上阻止了氧气对内部橡胶的浸入，对内部橡胶层起到了保护作用，所以叠层橡胶支座中的内部橡胶层老化规律与裸露橡胶片完全不同，耐久性远远优于后者。我国工业和民用建筑的设计使用年限为 50 年，所以规范规定叠层橡胶支座设计使用寿命不低于 60 年。

进行老化性能试验的试件可以是足尺支座、缩尺支座或剪切型橡胶试件。试件应为同型（批）号，数目应不少于 3 对，每对包含试件 A 和试件 B 两个试件。试验步骤如下：

1）测定试件 A 的剪切性能和极限剪切性能。

2）对试件 B 按规定温度和时间完成老化试验。

3）试件 B 冷却不少于 24h 以后，使其达到环境温度。

4）测定试件 B 的剪切性能和极限剪切性能。

5）确定试件 A 和试件 B 老化前后的性能变化率。

剪切性能和极限剪切性能变化率可由下式计算：

$$A_C = \frac{(B_1 - B_0)}{B_0} \times 100\% \qquad (2-19)$$

式中　A_C——老化前后的性能变化率；

$\quad\ \ B_1$——老化后的性能；

$\quad\ \ B_0$——老化前的性能。

老化性能试验应相当于在（23±2）℃环境温度下使用 60 年，试验温度可取 80℃或以下，试验温度与试验时间与相当使用寿命的关系如下式：

$$\ln t_y = E_a/R(1/T_y - 1/T_0) + \ln t \qquad (2-20)$$

式中　t_y——老化性能试验时间（d）；

$\quad\ \ t$——相当于 23℃环境下的使用寿命（d）；

$\quad\ \ T_y$——老化性能试验的绝对温度（K）；

$\quad\ \ T_0$——296K，23℃对应的绝对温度；

$\quad\ \ E_a$——90.4kJ/mol，橡胶材料的活化能；

$\quad\ \ R$——8.314J/（mol·K）。

老化性能试验的温度允许偏差为±2℃。

2.5.2　徐变性能

叠层橡胶支座在长期荷载作用下产生的不可恢复的变形称为叠层橡胶支座的徐变。"橡胶支座"系列规范规定橡胶支座在设计荷载作用下 60 年的徐变量不应大于橡胶层总厚度的 10%，《建筑抗震设计规范（2016 年版）》（GB 50011—2010）规定在经历相应设计基准期的耐久试验后，徐变量不超过支座内部橡胶层总厚度的 5%。

徐变性能试件可为足尺或缩尺支座，应在无水平位移的情况下按指定的时间和温度施加恒定压力，测量其压缩位移，并根据试验结果推算出支座使用多年后的徐变量。试验装置如图 2-10 所示。试验施加的压力允许偏差为 ±5%，试验过程中，压力波动允许偏差为 ±2%。位移测量仪器的精度为 0.01mm。

试验中施加的压应力应为设计压应力 σ_0，加载时间应小于 1min，将压力达到指定值 1min 后的压缩位移取为零点。应对称布置不少于两个压缩位移的测点，并取测量值的平均值作为压缩位移值。

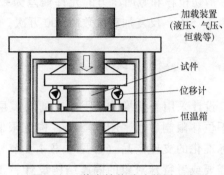

加载装置
（液压、气压、
恒载等）

试件

位移计

恒温箱

图 2-10　徐变性能试验装置示意图

试验温度应为 (23±2)℃。测量时间应不少于 1000h，按 1h 到 10h，10h 到 10^2h，10^2h 到 10^3h 分为 3 个时间段，每个时间段内的测量值应不少于 10 个。当试验温度不是 (23±2)℃时，可按下式换算：

$$\Delta H_{23} = \Delta H_T + nt_r(T-23)\alpha \tag{2-21}$$

式中　ΔH_{23}——23℃时竖向压缩位移的变化值（mm）；

　　　ΔH_T——T℃时竖向压缩位移的变化值（mm）；

　　　T——试件的表面温度（℃）；

　　　α——线性热膨胀系数（$T = 23$℃），参见《橡胶支座　第 1 部分：隔震橡胶支座试验方法》（GB/T20688.1—2007）附录 F 的公式计算确定。

每个时间段的徐变可按下式计算：

$$\varepsilon_{cr} = \frac{\Delta H_{23}}{nt_r} \times 100\% \tag{2-22}$$

根据 100~1000h 的测试数据，可采用最小二乘法绘制时间与徐变应变的对数图，确定下式中的系数 a 和 b：

$$\lg\varepsilon_{cr} = \lg a + b\lg t \tag{2-23}$$

式中　t——时间（d）。

t 时刻的徐变量可由下式估算：

$$\varepsilon_{cr} = at^b \tag{2-24}$$

2.5.3　疲劳性能

叠层橡胶支座在反复荷载作用下力学性能降低的现象称为叠层橡胶支座的疲劳，原因是支座内部的材料或构造不可避免地存在缺陷。在反复荷载下，缺陷处应力集中导致缺陷发展，进而导致支座的力学性能降低。规范要求在经历相应设计基准期的耐久试验后，支座刚度、阻尼特性变化不超过初期值的±20%。

叠层橡胶隔震支座疲劳性能的试验步骤为：

1）测出试件的初始外形（外轮廓尺寸）和性能（竖向压缩刚度和剪切性能）。

2）使试件产生指定的剪切位移（可为0）。

3）按指定的次数反复施加竖向压力，最大和最小压力应为最大和最小设计压力。

4）测出外形（外轮廓尺寸）的性能的变化率以评定其抗疲劳性能。

剪切位移和竖向压力的允许偏差为±5%。加载波形可为正弦波或三角波。加载频率范围为2~5Hz。反复加载次数为200万次。

2.6　叠层橡胶隔震支座设计

设计采用叠层橡胶隔震支座的隔震层时，常用的做法是结合隔震层设计的要求（如水平位移限制、水平刚度需求、构造限制等）和支座生产厂家的产品手册，直接选用厂家标准化的支座产品（参见本书4.2节"建筑隔震设计方法"）。但是有时为了满足科研的需要或者特殊对象的隔震结构设计，工程师可以自行设计叠层橡胶支座，然后联系厂家生产。

叠层橡胶支座的设计包括橡胶层的总厚度、层数设计；支座平面形状、高度设计；钢板设计和连接件设计，铅芯支座还需要进行铅芯面积设计，高阻尼橡胶支座类似，还需要进行阻尼的设计，基本的设计流程如图2-11所示。

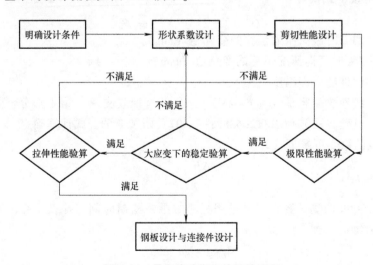

图 2-11　叠层橡胶支座的设计流程

2.6.1　叠层橡胶支座的分类

支座可按构造、极限性能和剪切性能的允许偏差进行分类。按构造可分为Ⅰ型、Ⅱ型、Ⅲ型三类，见表2-7；按极限性能可分为A、B、C、D、E、F六大类，见表2-8；按剪切性能的允许偏差可分为S-A、S-B两类，见表2-9。

表 2-7 按构造分类

分类	说 明	图 示
Ⅰ型	连接板和封板用螺栓连接,封板与内部橡胶黏合,橡胶保护层在支座硫化前包裹	（连接板 螺栓 保护层 封板 图示）
	连接板和封板用螺栓连接,封板与内部橡胶黏合,橡胶保护层在支座硫化后包裹	（图示）
Ⅱ型	连接板直接与内部橡胶黏合	（图示）
Ⅲ型	支座与连接板用凹槽或暗销连接	（凹槽 暗销 图示）

表 2-8 按极限性能分类

极限剪应变	$\gamma_u \geqslant 350\%$	$350\% > \gamma_u \geqslant 300\%$	$300\% > \gamma_u \geqslant 250\%$	$250\% > \gamma_u \geqslant 200\%$	$200\% > \gamma_u \geqslant 150\%$	$\gamma_u < 150\%$
类别	A	B	C	D	E	F

注:1. 支座极限剪应变 γ_u 应根据指定的压应力按《橡胶支座 第3部分:建筑隔震橡胶支座》(GB 20688.3—2006)的附录 E 和附录 F 确定。

2. 支座分类标志举例如下:$\sigma_{max} = 8MPa$,$\gamma_u = 320\%$,B 类;$2\sigma_{max} = 16MPa$,$\gamma_u = 240\%$,D 类。其中,σ_{max} 是制造厂提供的名义压应力,$2\sigma_{max}$ 是地震作用时的最大名义压应力。标志为:N8B-M16D,N 代表名义值,M 代表最大名义值。

表 2-9 按剪切性能的允许偏差分类

类 别	单个试件测试值	一批试件平均测试值
S-A	±15%	±10%
S-B	±25%	±20%

2.6.2　叠层橡胶支座的设计条件

建筑隔震橡胶支座的设计压应力和设计剪应变可分别由下列公式计算：

$$\sigma_0 = \frac{P_0}{A} \tag{2-25}$$

式中　σ_0——设计压应力（MPa）；

　　　P_0——设计压力（N）；

　　　A——支座内部橡胶层有效面积（mm^2）。

$$\sigma_{max} = \frac{P_{max}}{A_e} \tag{2-26}$$

式中　σ_{max}——最大设计压应力（MPa）；

　　　P_{max}——最大设计压力（N）；

　　　A_e——支座顶面和底面之间的有效重叠面积（mm^2）。

$$\sigma_{min} = \frac{P_{min}}{A} \tag{2-27}$$

式中　σ_{min}——最小设计压应力（MPa）；

　　　P_{min}——最小设计压力（N）。

$$\gamma_0 = \frac{X_0}{T_r} \tag{2-28}$$

式中　γ_0——设计剪应变；

　　　X_0——设计剪切位移（mm）；

　　　T_r——内部橡胶层总厚度（mm）。

$$\gamma_{max} = \frac{X_{max}}{T_r} \tag{2-29}$$

式中　γ_{max}——最大剪应变；

　　　X_{max}——最大设计剪切位移（mm）。

叠层橡胶隔震支座的设计压应力 σ_0 主要指支座在长期荷载作用下的压应力，一般由设计师根据建筑结构的竖向荷载情况确定。最大设计压力 P_{max} 和最小设计压力 P_{min} 是指地震作用下支座产生的最大压力和最小压力，P_0、P_{max}、P_{min}、X_0 和 X_{max} 均由设计师提供，设计剪应变通常采用100%。

2.6.3　叠层橡胶支座的设计基本参数

1. 形状系数设计

第一形状系数 S_1 和第二形状系数 S_2 的定义和常用计算公式见本书 2.3.1 节"几何特征参数"内容。一般：$S_1 \geqslant 15$，$S_2 \geqslant 5$，否则应按规范规定降低使用平均压应力。

2. 压缩性能设计

竖向压缩刚度可按下式计算：

$$K_v = \frac{E_{cb}A}{T_r} \tag{2-30}$$

式中　E_{cb}——考虑体积弹性模量修正后的压缩弹性模量（MPa）。

压缩位移 δ_v 和压缩应变 ε_c 可按下式计算：

$$\delta_v = \frac{P}{K_v} \tag{2-31}$$

$$\varepsilon_c = \frac{\delta_v}{T_r} \tag{2-32}$$

3. 剪切性能设计

水平等效刚度按下式计算：

$$K_h = \frac{GA}{T_r} \tag{2-33}$$

式中　G——橡胶的剪切模量（MPa）。

若考虑剪应变对橡胶剪切模量的影响，水平等效刚度则可按下式计算：

$$K_h = \frac{G_{eq}(\gamma)A}{T_r} \tag{2-34}$$

式中　$G_{eq}(\gamma)$——剪应变取 γ 时的等效剪切模量（MPa）。

对于铅芯橡胶支座，水平等效刚度可按下式计算：

$$K_h = \frac{K_d X + Q_d}{X} \tag{2-35}$$

式中　K_d——铅芯橡胶支座的屈服后刚度（N/mm）；

　　　Q_d——屈服力（N）；

　　　X——剪切位移（mm）。

剪切应变可按下式计算：

$$\gamma = \frac{X}{T_r} \tag{2-36}$$

等效阻尼比可按下式计算：

$$\xi_{eq} = \frac{1}{2\pi} \cdot \frac{\Delta W}{K_h X^2} \tag{2-37}$$

式中　ΔW——剪力-剪切位移滞回曲线的包络面积（mm^2），即每加载循环所消耗的能量，由试验确定。

4. 极限性能验算

（1）支座无剪应变时的稳定性验算　支座剪应变为零时，失稳的压应力为支座临界应力 σ_{cr}，σ_{cr} 可按下式计算：

$$\sigma_{cr} = \frac{\pi}{4}\eta S_2 \sqrt{E_{rb}G} \tag{2-38}$$

式中　η——临界应力计算系数，对圆形支座，$\eta=1$；对方形支座，$\eta=2/3$；

　　　G——橡胶剪切模量（对应于剪应变 100%）（MPa）；

　　　E_{rb}——考虑体积弹性模量修正的弯曲时弹性模量（MPa）。

考虑受压稳定时，支座设计压应力可按下式计算：

$$\sigma_0 = \frac{\sigma_{cr}}{\rho_c} \tag{2-39}$$

式中 ρ_c——按设计要求确定的安全系数。

（2）支座大剪应变时的稳定性验算　支座出现屈曲失稳的极限剪应变 γ 可按下式计算：

$$\gamma \leqslant S_2 \left(1 - \frac{\sigma}{\sigma_{cr}} \right) \tag{2-40}$$

式中 σ——支座压应力（MPa）。

（3）Ⅲ型橡胶支座的倾覆性能验算　为防止Ⅲ型橡胶支座倾覆，应控制最大设计剪应变 γ_{max} 和最小设计压应力 σ_{min}，可按下式验算：

$$\gamma_{max} \leqslant \frac{S_2 \sigma_{min}}{\zeta_r G + \sigma_{min}} \cdot \frac{1}{\rho_R} \tag{2-41}$$

式中 ζ_r——支座总高度和内部橡胶层总厚度之比；

ρ_R——按设计要求确定的安全系数。

5. 拉伸性能验算

支座拉伸性能应满足下式要求：

$$F_u \leqslant \frac{P_{T_y}}{\rho_T} \tag{2-42}$$

式中 F_u——提离拉力（N）；

P_{T_y}——支座的屈服拉力（N），应按照《橡胶支座 第 1 部分：隔震橡胶支座试验方法》（GB/T 20688.1—2007）6.6 节中的方法确定；

ρ_T——按设计要求确定的安全系数。

6. 钢板设计

支座钢板的设计可按下式计算：

$$\sigma_s = 2\lambda \frac{P t_r}{A_e t_s} \leqslant f_t \tag{2-43}$$

式中 σ_s——内部钢板拉应力（MPa）；

f_t——钢材的抗拉强度设计值（N/mm²）；

A_e——支座顶面和底面的有效重叠面积（mm²）；

t_s——内部单层钢板的厚度（mm）；

λ——钢板应力修正系数，无开孔时，$\lambda = 1.0$，有开孔时，$\lambda = 1.5$。

7. 连接件设计

（1）连接螺栓设计　连接螺栓在剪力和拉力作用下产生的剪应力和拉应力，可按下述步骤计算：

1）确定中性轴和螺栓至中性轴的距离。中性轴指支座顶面和底面重叠面的中轴线，如图 2-12 所示。

2）确定荷载作用。水平荷载 Q、弯矩 M_r 和提离拉力 F_u 同时作用在支座上，反弯点取为支座高度一半位置处，按下式计算：

$$Q = K_h X \tag{2-44}$$

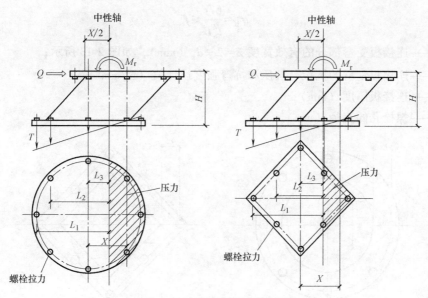

图 2-12 螺栓连接受力简图

$$M_r = \frac{1}{2}QH \tag{2-45}$$

3）确定螺栓的最大拉应力、剪应力。假定连接板保持平面，则螺栓拉应变和压应变与到中性轴的距离成正比，每个螺栓的拉力与压力应满足下式：

$$T_1/L_1 = T_2/L_2 = \cdots = T_i/L_i, i = 1, 2, 3, \cdots \tag{2-46}$$

忽略压应力的影响，螺栓由弯矩 M_r 和提离拉力 F_u 同时作用产生的最大拉应力 σ_B 按下式计算：

$$T_{max} = \frac{M_r}{L_1 + 2L_2^2/L_1 + 2L_3^2/L_1 + \cdots} + \frac{F_u}{n_b} \tag{2-47}$$

$$\sigma_B = \frac{T_{max}}{A_b} \leqslant f_t^b \tag{2-48}$$

式中 σ_B——螺栓拉应力（MPa）；

      A_b——螺栓有效面积（mm^2）；

      f_t^b——螺栓抗拉设计强度（N/mm^2）。

假定所有螺栓承担的剪力相同，其剪应力按下式计算：

$$\tau_B = \frac{Q}{n_b A_b} \leqslant f_v^b \tag{2-49}$$

式中 τ_B——螺栓平均剪应力（MPa）；

      f_v^b——螺栓抗剪设计强度（N/mm^2）。

4）螺栓强度验算。螺栓最大主拉应力应满足下式：

$$\left(\frac{\sigma_B}{f_t^b}\right)^2 + \left(\frac{\tau_B}{f_v^b}\right)^2 \leqslant 1 \tag{2-50}$$

（2）连接板设计   连接板由于螺栓拉力 T 产生的弯曲应力 σ_b 可按下式计算：

$$\sigma_{\mathrm{b}} = \frac{6Tc}{t_{\mathrm{b}}^2 B} \leqslant f_{\mathrm{t}} \qquad\qquad (2\text{-}51)$$

式中　　B——连接板受弯部分的有效宽度 $B = 2c + d_{\mathrm{k}}$（mm），如图 2-13 所示；

　　　　f_{t}——连接板钢材的抗拉、抗压和抗弯强度设计值（N/mm^2）；

　　　　t_{b}——连接板厚度（mm）；

　　　　d_{k}——螺栓孔的直径（mm）。

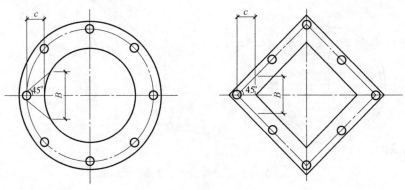

图 2-13　连接板示意图

2.7　摩擦摆支座简介

2.7.1　概念

摩擦摆支座是 1985 年由美国地震保护体系（EPS）公司研制而成的隔震装置，本质上是一种摩擦阻尼支座。

摩擦摆支座的工作原理，是利用两个曲面与各自对应凹球面间的滑动，形成一个钟摆式的机构，以延长结构自振周期；其隔震功能的实现，一方面是通过滑动面与凹球面间的摩擦来消耗地震能量，另一方面则是在滑动过程中，利用结构整体被抬升时动能与势能的转化来减小其水平地震响应。

摩擦摆支座的基本组成包括上座板、球冠衬板以及球摆和底座等，如图 2-14 所示。

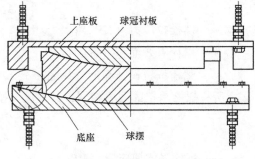

图 2-14　摩擦摆支座示意图

2.7.2　材料

滑动摩擦面的摩擦材料通常采用聚四氟乙烯、改性聚四氟乙烯或改性超高分子量聚乙烯等。支座采用钢材，支座的防尘围板则通常采用三元乙丙橡胶材料。摩擦摆支座的材料性能试验本书不做详述，相关要求与试验方法可见《建筑摩擦摆隔震支座》（GB/T 37358—2019）。

2.8　摩擦摆支座的力学性能参数及检验

2.8.1　力学性能参数

摩擦摆支座的力学特性，可采用荷载-位移滞回曲线的双线性模型进行模拟，如图 2-15 所示。

设计中应用的参数及相关公式如下：

1) 隔震周期，摩擦摆支座的隔震周期，取决于支座第一滑动面的曲率半径。

隔震结构的周期为：

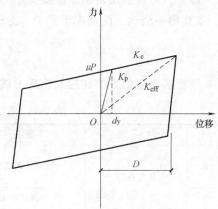

$$T = 2\pi\sqrt{\frac{R}{g}} \qquad (2\text{-}52)$$

式中　R——支座第一滑动面的曲率半径（mm）。

2) 最大水平力，双线性模型十分直观地显示了摩擦摆支座最大水平力与支座位移和摩擦系数之间的关系。因此，调整支座承受的地震水平力，可通过改变滑动面摩擦系数实现。

图 2-15　荷载-位移滞回曲线

最大水平力的计算公式如下式所示：

$$F = \frac{P}{R}D + \mu P(\mathrm{sgn}D) \qquad (2\text{-}53)$$

3) 初始刚度，初始刚度的计算公式为：

$$K_p = \frac{\mu P}{d_y} \qquad (2\text{-}54)$$

式中　K_p——支座初始刚度（N/mm）；

　　　μ——动摩擦系数；

　　　P——支座所受竖向荷载（N）；

　　　d_y——屈服位移（mm），建议取 2.5mm。

4) 等效水平刚度，摩擦摆的等效刚度公式为：

$$K_{eff} = \left(\frac{1}{R} + \frac{\mu}{D}\right)P \qquad (2\text{-}55)$$

式中　K_{eff}——等效刚度（N/mm）；

　　　R——等效曲率半径（mm）；

　　　D——支座水平位移（mm）。

可以看出，摩擦摆支座的等效刚度与支座第一滑动面的曲率半径 R、滑动摩擦系数 μ 和水平滑动位移 D 有关。

5) 二次刚度（屈服后刚度），摩擦摆支座的二次刚度计算公式为：

$$K_e = \frac{P}{R} \qquad (2\text{-}56)$$

6）等效阻尼比，摩擦摆支座的等效阻尼比为：

$$\xi_e = \frac{4\mu PD}{2\pi D\left[\left(\dfrac{P}{R}\right)D+\mu P\right]} = \frac{2\mu}{\pi(D/R+\mu)}$$ (2-57)

即摩擦摆支座的等效阻尼比同样与支座第一滑动面的曲率半径 R、滑动摩擦系数 μ 和水平滑动位移 D 有关。

综上，可以总结得到摩擦摆支座的设计参数主要包括支座的竖向承载 P，预设隔震周期 T，支座第一滑动面的曲率半径 R，支座最大地震水平位移 D，滑动面摩擦系数 μ 等。

2.8.2　力学性能检验

摩擦摆支座的力学性能及相应的试验方法，应符合表 2-10 中列出的规定：

表 2-10　摩擦摆支座的力学性能试验项目

序号	性　能	试验项目	要　求
1	压缩性能	竖向压缩变形	在基准竖向承载力作用下，竖向压缩变形不大于支座总高度的 1% 或者 2mm 中的较大者
2		竖向承载力	在竖向压力为 2 倍基准竖向承载力时不应出现破坏
3	剪切性能	动摩擦系数	位移取极限位移的 1/3；检测值与设计值的偏差单个试件应在 ±30% 以内，一批试件平均偏差应在 ±20% 以内
4		屈服后刚度	
5	剪切性能相关性	反复加载次数相关性	取第 3 次、第 20 次摩擦系数进行对比，变化率不应大于 25%
6		温度相关性	基准温度为 23℃，摩擦系数变化率不应大于 25%
7	水平极限变形能力	极限剪切变形	在基准竖向承载力作用下，反复加载一圈至极限位移的 0.85 倍时，支座不应出现破坏

1. 竖向压缩性能

压缩性能的试验室标准温度应为（23±5）℃。试验前，应将试样直接暴露在标准温度下，停放 24h。

按图 2-16 放置试样后，按下列步骤、要求进行支座竖向压缩性能试验：

（1）试验方法

1）将试样置于试验机的承载板上，试样中心与承载板中心位置对准，偏差小于 1% 支座直径，检验荷载为支座基准竖向承载力的 2.0 倍，加载至基准竖向承载力的 0.5% 后，核对承载板四边的位移传感器，确认无误后进行预压。

2）预压：将支座基准竖向承载力以连续均匀的速度加满，反复 3 次。

3）正式加载：将检验荷载由零至试验最大荷载均匀分为 10 级，试验时以基准竖向

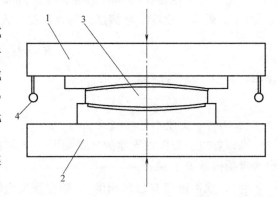

图 2-16　支座竖向压缩性能试验装置示意图

1—上承载板　2—下承载板　3—试样　4—位移传感器

承载力的 0.5% 作为初始荷载，然后逐级加载，每级荷载稳压 2min 后记录位移传感器数据，直至检验荷载，稳压 3min 后卸载。加载过程连续进行 3 次。

（2）试验项目要求

1）试件竖向压缩变形：分别取 4 个位移传感器读数的算术平均值，绘制荷载竖向压缩变形曲线。变形曲线应呈线性关系。试件竖向压缩变形应满足表 2-10 的要求。

2）试件竖向承载力：应满足表 2-10 的要求。

2. 水平剪切性能

摩擦摆支座的水平性能试验，采用单剪试验机进行。剪切性能试验的试验标准温度为 23℃，否则应对结果进行温度修正。试验宜采用足尺试件，若试验设备能力受限，可选用缩尺支座试验。

试验装置如图 2-17 所示，按下列步骤、要求进行支座水平向剪切性能试验：

（1）试验方法

1）试验时，将支座置于试验机的下承载板上，支座中心与承载板中心位置对准，偏差小于 1% 支座底板边长。

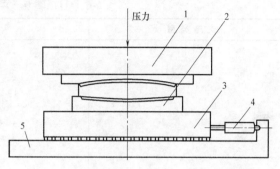

图 2-17　支座水平向剪切性能试验装置示意图

1—上承载板　2—试样　3—下承载板
4—水平力加载装置　5—框架

2）竖向连续均匀加载至试验荷载，在整个试验过程中保持不变。

3）水平位移按正弦波进行加载。

4）测定水平力的大小，记录荷载-位移曲线。

5）按照加载幅值确定试验工况，除特殊说明外，每个工况做 4 个周期循环试验，取第 3 圈试验结果。

（2）试验项目要求

1）剪切性能。

① 动摩擦系数。试验竖向荷载取基准竖向承载力，加载幅值 d_x 取极限位移的 1/3，测定动摩擦系数下限值时，加载峰值速度取 4mm/s；测定动摩擦系数上限值时，加载峰值速度取 150mm/s。

② 屈服后刚度按照本书 2.8.1 节中相关公式进行计算。

2）剪切性能相关性。

① 反复加载次数相关性。试验竖向荷载取基准竖向承载力，加载幅值 d_x 取极限位移的 1/3，加载速度取 150mm/s，做 20 个周期循环试验。

② 温度相关性。试验竖向荷载按基准竖向承载力，加载幅值 d_x 取极限位移的 1/3，加载速度取 150mm/s。环境温度变化范围为 -20~40℃，10℃ 为一档，根据需要可增加试验温度工况。

3）水平极限变形能力。进行水平极限变形试验时，试验竖向荷载应取基准竖向承载力，加载幅值 d_x 取极限位移的 0.85 倍。

2.9 摩擦摆支座设计

2.9.1 摩擦摆支座的分类

按照滑动摩擦面的构造形式，可将摩擦摆支座分为Ⅰ型和Ⅱ型，见表2-11。

表2-11 摩擦摆支座的分类

支座类型	示意图
Ⅰ型	
Ⅱ型	

注：1为上下锚固装置，2为上座板，3为上滑动摩擦面，4为球冠衬板，5为下滑动摩擦面，6为下座板。

2.9.2 摩擦摆支座设计流程

相比于橡胶支座在国内已经有多部规范对其进行性能与设计上的规定，摩擦摆支座在国内的应用还处于以试验研究为主的阶段，目前我国也并未出台建筑结构摩擦摆支座的相关设计规范。故本节参考国外摩擦摆研发、生产公司的相关技术手册，以及国内桥梁方面关于摩擦摆支座的专著，进行设计流程的简单介绍。详细流程可参考本书第8章"工程算例"。

摩擦摆支座设计流程如下：

1）结构尺寸参数的确定：首先根据结构时程分析结果，确定支座承受的竖向反力 P，确定支座球面滑动面的平面尺寸；根据未隔震结构的自振周期，预设隔震周期 T（通常为结构自振周期的一倍以上），通过预设周期 T 可以根据 2.8.1 节相关公式计算球面的曲率半径 R。

2）支座双线性模型的建立：设计得到以上各参数后，根据 2.8.1 节相关公式，确定摩擦摆支座双线性模型的各项参数，建立支座的双线性模型。

3）试算与参数调整：在结构分析软件中建立模拟摩擦摆支座的分析单元。可通过时程分析计算结构的地震响应，计算出作用于下部结构的地震作用和位移，必要时可对支座的设计参数进行调整。

目前在美国通用结构有限元分析程序 SAP2000 和 ETABS 中，专门提供了模拟摩擦摆支座的非线性连接单元，可用于摩擦摆支座的分析与设计。

【思 考 题】

1. 常用的建筑隔震装置有哪些？
2. 简述叠层橡胶支座的第一形状系数、第二形状系数的定义和物理意义。
3. 简述叠层橡胶支座压缩性能检验的加载方法。
4. 简述叠层橡胶支座剪切性能检验和计算方法。
5. 简述叠层橡胶支座的设计流程。
6. 简述摩擦摆支座的设计流程。

第3章 建筑隔震分析

【学习目标】
1. 掌握隔震结构地震作用计算的不同方法。
2. 了解基于位移的隔震层等效参数求解方法和能量分析法。

建筑隔震分析方法与普通建筑结构分析方法基本一致，但由于设置隔震层带来的非线性特征，需特别关注非线性体系的等效线性化方法在隔震分析中的应用。本章首先对地震作用计算进行了一般性规定，并分别介绍了底部剪力法、振型分解反应谱法、时程分析法和能量分析法；特别介绍了基于位移的隔震层等效参数的求解方法，其实质是在振动位移已知情况下求解隔震层的等效线性参数，注意与4.2.2小节基于位移整体设计法的区别。

3.1 地震作用计算的一般规定

3.1.1 地震作用方向

由于地震动的随机性，对某特定结构而言，地震动输入方向是随机的。结构抗侧力构件不一定正交，隔震层的刚心与质心不重合等因素都会引起结构不同程度的扭转。为此有以下规定：

1) 一般情况下，应至少在结构两个主轴方向分别考虑水平地震作用并进行抗震验算，各水平方向的地震作用全部由该方向的抗侧力构件承担。

2) 有斜交角度大于15°的抗侧力构件，应考虑抗侧力构件方向的地震作用。

3) 隔震层质心与刚心偏心率大于3%的隔震结构，应考虑双向水平地震扭转效应。

4) 8度和9度区设防的大跨结构、长悬臂结构，9度区设防时的高层建筑及带有竖向隔震/振设计的结构，应考虑竖向地震作用。

3.1.2 地震作用计算方法

一般来说，建筑结构地震作用计算常采用4种方法：

1) 将整体结构简化成单自由度体系的底部剪力法。

2) 适用于多自由度体系的振型分解反应谱法。其中针对不同应用情形，又分为考虑扭转作用的振型分解反应谱法、竖向地震作用计算法、考虑非经典阻尼假定的复振型分解反应谱法。

3）以地震记录为输入时，采用增量法求解动力方程的时程分析法。

4）基于能量的计算方法。其中包括时域能量计算法以及频域能量计算法。

3.1.3 重力荷载代表值的计算

地震发生时，可变荷载往往达不到其标准值，因此在计算质点的重力荷载代表值时，应取结构自重标准值和可变荷载组合值之和。各可变荷载的组合值系数应按照表3-1采用。

表 3-1 组合值系数

可变荷载种类		组合值系数	可变荷载种类		组合值系数
雪荷载		0.5	按等效均布考虑	藏书库、档案库	0.8
屋面积灰荷载		0.5		其他民用建筑	0.5
屋面活荷载		不计入	起重机悬吊物重力	硬钩起重机	0.3
按实际情况考虑	机器、设备等活载	1.0		软钩起重机	不计入
	楼面活载	0.5			

3.1.4 地震影响系数规定

建筑结构的地震影响系数应根据设防烈度、场地类别、设计地震分组和结构自振周期以及阻尼比来确定。水平地震影响系数的最大值可按照表3-2选取，特征周期按照场地类别和设计地震分组按表3-3选取。计算罕遇地震作用时，特征周期应增加0.05s。周期大于6.0s的结构所采用的地震影响系数应专门研究。

表 3-2 水平地震影响系数最大值 α_{max}

地震影响	6 度	7 度	8 度	9 度
多遇地震	0.04	0.08(0.12)	0.16(0.24)	0.32
设防地震	0.12	0.23(0.34)	0.45(0.68)	0.90
罕遇地震	0.28	0.50(0.72)	0.90(1.20)	1.40

表 3-3 特征周期值 （单位：s）

设计地震分组	场 地 类 别				
	I_0	I_1	II	III	IV
第一组	0.20	0.25	0.35	0.45	0.65
第二组	0.25	0.30	0.40	0.55	0.75
第三组	0.30	0.35	0.45	0.65	0.90

地震影响系数曲线可按照图3-1确定。需要注意的是，此处采用的是《建筑抗震设计规范（2016年版）》（GB 50011—2010）中对地震影响系数的规定。对于具有高附加阻尼比的隔震结构，规范中规定的地震影响系数曲线，不一定能与由地震动计算出的反应谱曲线较好吻合。此部分内容尚待更深入研究。

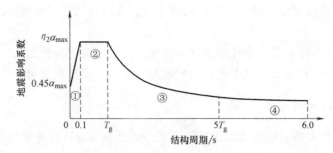

图 3-1　地震影响系数曲线（建筑抗震设计规范）

①—直线上升段　②水平段　③曲线下降段　④直线下降段

地震影响系数曲线按照四段进行划分：

1）直线上升段，周期小于 0.1s。

2）水平段，自 0.1s 至特征周期段，应取最大值 α_{max}。

3）曲线下降段，自特征周期至 5 倍特征周期段，$\alpha = \left(\dfrac{T_g}{T}\right)^\gamma \eta_2 \alpha_{max}$。

4）直线下降段，自 5 倍特征周期至 6s 区段，$\alpha = [\eta_2 0.2^\gamma - \eta_1 (T - 5T_g)] \alpha_{max}$。

地震影响系数曲线的阻尼调整系数和形状参数应符合下列规定：

1）曲线下降段的衰减指数应按下式确定：

$$\gamma = 0.9 + \frac{0.05 - \xi}{0.3 + 6\xi} \tag{3-1}$$

式中　γ——曲线下降段的衰减指数；

　　　ξ——结构阻尼比。

2）直线下降段的下降斜率调整系数按下式确定：

$$\eta_1 = 0.02 + \frac{0.05 - \xi}{4 + 32\xi} \tag{3-2}$$

式中　η_1——直线下降段的下降斜率调整系数，小于 0 时取 0。

3）阻尼调整系数应按下式确定：

$$\eta_2 = 1 + \frac{0.05 - \xi}{0.08 + 1.6\xi} \tag{3-3}$$

式中　η_2——阻尼调整系数，小于 0.55 时取 0.55。

3.1.5　时程分析相关规定

采用时程分析法时，应按照建筑场地类别和设计地震分组选用适当数量的实际地震动记录和人工模拟加速度时程曲线。其中，强震记录的数量不应少于总数的 2/3，其平均地震影响系数曲线应与振型分解反应谱法所采用的地震影响系数在统计意义上相符，分析时的加速度峰值可按照表 3-4 取用。表中括号内数值分别对应于基本加速度为 0.15g 和 0.3g 的地区。在进行弹性时程分析时，每条时程曲线计算所得的结构底部剪力不应小于振型分解反应谱法计算结果的 65%，多条时程曲线计算所得的结构底部剪力平均值不应小于振型分解反应谱法计算结果的 80%。

表3-4　时程分析采用地震动峰值　　　　　　　　（单位：cm/s²）

地震影响	6度	7度	8度	9度
多遇地震	18	35（55）	70（110）	140
设防地震	50	100（150）	200（300）	400
罕遇地震	125	220（310）	400（510）	620

正确选择输入的地震动时程曲线，要考虑满足地震动的三要素，即频谱特性、有效峰值和持续时间均要满足规定。

频谱特性应根据地震影响系数曲线，即所处场地类别和设计地震分组确定。

加速度有效峰值按照表3-4确定。当结构采用三维空间模型时，需采用双向（2个水平方向）或三向（2个水平方向和1个竖向）地震动输入时，其加速度最大值按照1（水平主向）：0.85（水平次向）：0.65（竖向）的比例进行调整。选用的实际地震动输入，可以是同一组的3个方向的分量，也可以是不同组的记录，但每条记录应满足"在统计意义上相符"要求。人工模拟的加速度曲线，也应按照上述要求生成。

输入的加速度时程曲线的持续时间，不论是实际地震记录，还是人工模拟波形，其有效持续时间一般是结构周期的5~10倍。

关于时程计算的结果选取，当取3组加速度时程曲线时，计算结果宜取时程法的包络值和振型分解反应谱法的较大值；当取7组及以上时程曲线时，计算结果可取时程法的平均值和振型分解反应谱法的较大值。

3.2　底部剪力法

3.2.1　适用条件

对于一般的隔震结构，应采用振型分解反应谱法或时程分析方法计算地震作用效应，但当隔震方案满足以下条件时，可采用更为简便的底部剪力法计算地震作用效应。

1）隔震层以上结构：房屋高度不超过24m，结构以剪切变形为主，质量和刚度沿高度分布比较均匀，地震作用时的扭转效应可忽略不计。

2）建筑场地：距离活动断层10km以上，属于 I_0、I_1、Ⅱ或Ⅲ类场地。

3）隔震层：采用同种类型的隔震支座，且支座的水平力学性能基本不受竖向承载力影响。隔震层未设置速度型附加阻尼装置和限位装置。

3.2.2　地震作用计算

采用底部剪力法时，隔震结构可取为单个自由度，结构的水平地震作用力的标准值，可按以下式确定：

$$F_{Ek} = \alpha_1 G_{eq} \tag{3-4}$$

式中　F_{Ek}——结构总水平地震作用标准值；

　　　α_1——相应于隔震结构基本周期的水平地震影响系数，多层砌体房屋、底部框架砌体房屋宜取为地震影响系数最大值；

G_{eq}——结构等效总重力荷载，单质点应取总重力荷载代表值，多质点可取总重力代表值的 85%。

在计算得总水平地震作用后，各楼层作用力分配，可按下式确定：

$$F_i = \frac{G_i H_i}{\sum\limits_{j=1}^{n} G_j H_j} F_{Ek}(1 - \delta_n) \tag{3-5}$$

$$\Delta F = \delta_n F_{Ek} \tag{3-6}$$

式中　F_i——质点 i 的水平地震作用标准值；

G_i、G_j——集中于质点 i、j 的重力荷载代表值；

H_i、H_j——质点 i、j 的计算高度；

δ_n——顶部附加地震作用系数，可按照规范规定取值；

ΔF——顶部附加水平地震作用。

3.2.3　等效刚度、自振周期和等效阻尼比计算

对于采用底部剪力法计算，并仅采用相同直径叠层橡胶支座的隔震结构，隔震层的力学特性可将所有支座的力学特性并联叠加。隔震层在设防地震和罕遇地震下的等效刚度和阻尼比可分别取为支座在 100% 和 250% 水平等效变形时所对应的等效刚度和阻尼比。自振周期可按下式计算：

$$T_{eq} = 2\pi \sqrt{\frac{G_{eq}}{K_{eq}g}} \tag{3-7}$$

式中　T_{eq}——等效自振周期（变形相关）；

K_{eq}——隔震层等效刚度（变形相关）。

除以上规定外，也可按对应不同水平地震作用时的设计反应谱进行迭代确定，或采用时程分析法计算取值。

3.3　振型分解反应谱法

3.3.1　适用条件

采用振型分解反应谱法来计算地震作用的隔震结构，应满足底部剪力法适用条件中对于场地和隔震层的要求。

3.3.2　地震作用计算

不考虑扭转耦联的结构，采用振型分解反应谱法计算时，按照以下规定计算地震作用和作用效应。结构第 j 振型 i 质点的水平地震作用标准值为：

$$F_{ji} = \alpha_j \gamma_j X_{ji} G_i \quad (i=1,2,\cdots,n;j=1,2,\cdots,m) \tag{3-8}$$

$$\gamma_j = \sum_{i=1}^{n} X_{ji} G_i \Big/ \sum_{i=1}^{n} X_{ji}^2 G_i \tag{3-9}$$

式中　F_{ji}——第 j 振型 i 质点的水平地震作用标准值；

α_j——相应于第 j 振型自振周期的地震影响系数；

X_{ji}——第 j 振型 i 质点的水平相对位移；

γ_j——第 j 振型的振型参与系数。

当相邻振型的周期比小于 0.85 时，水平地震作用效应（如弯矩、剪力、轴向力和变形等）可按下式确定：

$$S_{Ek} = \sqrt{\sum S_j^2} \tag{3-10}$$

式中　S_{Ek}——水平向地震作用标准值的效应；

S_j——第 j 振型水平地震作用标准值的效应。

当采用振型分解反应谱法进行计算时，为使高柔建筑的分析精度有所改进，其组合的振型个数应足够多。振型个数一般可以取振型参与质量达到总质量 90% 所需的振型数。

3.3.3　考虑扭转影响的振型分解反应谱法

按扭转耦联振型分解法计算时，各楼层可取两个正交的水平位移和一个转角共三个自由度，并按照下列公式计算结构的地震作用和作用效应。

（1）第 j 振型 i 层的水平地震作用标准值　应按下列公式确定：

$$\begin{cases} F_{xji} = \alpha_j \gamma_{tj} X_{ji} G_i \\ F_{yji} = \alpha_j \gamma_{tj} Y_{ji} G_i & (i = 1,2,\cdots,n; j = 1,2,\cdots,m) \\ F_{tji} = \alpha_j \gamma_{tj} r_i^2 \varphi_{ji} G_i \end{cases} \tag{3-11}$$

式中　F_{xji}、F_{yji}、F_{tji}——第 j 振型 i 层的 x 方向、y 方向和转角方向的地震作用标准值；

X_{ji}、Y_{ji}——第 j 振型 i 层质心在 x 方向和 y 方向的水平相对位移；

φ_{ji}——第 j 振型 i 层的相对扭转角；

r_i——第 i 层的转动半径，可取 i 层绕质心的转动惯量除以该层质量的商的算术平方根；

γ_{tj}——计入扭转的第 j 振型参与系数。

计入扭转的第 j 振型参与系数可按照以下公式确定：

1）当仅取 x 方向地震作用时为：

$$\gamma_{xj} = \sum_{i=1}^{n} X_{ji} G_i \Big/ \sum_{i=1}^{n} (X_{ji}^2 + Y_{ji}^2 + \varphi_{ji}^2 r_i^2) G_i \tag{3-12}$$

2）当仅取 y 向地震作用时为：

$$\gamma_{yj} = \sum_{i=1}^{n} Y_{ji} G_i \Big/ \sum_{i=1}^{n} (X_{ji}^2 + Y_{ji}^2 + \varphi_{ji}^2 r_i^2) G_i \tag{3-13}$$

3）当取斜交向地震作用时为：

$$\gamma_{tj} = \gamma_{xj} \cos\theta + \gamma_{yj} \sin\theta \tag{3-14}$$

式中　γ_{xj}、γ_{yj}——由式（3-12）和式（3-13）求得的参与系数；

θ——地震作用方向与 x 方向的夹角。

（2）单向水平地震作用的扭转效应　可按下列公式求得：

$$S_{Ek} = \sqrt{\sum_{j=1}^{m} \sum_{k=1}^{m} \rho_{jk} S_j S_k} \tag{3-15}$$

$$\rho_{jk} = \frac{8\sqrt{\xi_j \xi_k}(\xi_j + \lambda_T \xi_k)\lambda_T^{1.5}}{(1-\lambda_T^2)^2 + 4\xi_j \xi_k(1+\lambda_T^2)\lambda_T + 4(\xi_j^2 + \xi_k^2)\lambda_T^2} \tag{3-16}$$

式中　S_{Ek}——地震作用标准值的扭转效应；

　　S_j、S_k——j、k 振型地震作用标准值的效应，可取前 9~15 个振型；

　　ξ_j、ξ_k——j、k 振型的阻尼比；

　　ρ_{jk}——第 j 振型与第 k 振型的耦联系数；

　　λ_T——第 k 振型与第 j 振型的自振周期比。

（3）双向水平地震作用的扭转效应　可按下列公式计算并取二者中较大值：

$$S_{Ek} = \sqrt{S_x^2 + (0.85 S_y)^2} \tag{3-17}$$

$$S_{Ek} = \sqrt{S_y^2 + (0.85 S_x)^2} \tag{3-18}$$

3.3.4　竖向地震作用的计算

我国《建筑抗震设计规范（2016 年版）》（GB 50011—2010）中规定，8 度和 9 度时的大跨度结构、长悬臂结构，9 度时的高层建筑，应考虑竖向地震作用。而对于隔震结构，竖向地震作用下的结构计算可用于验算支座的竖向受力情况，特别是检验支座是否产生了拉应力或者脱离。然而，由于隔震支座的竖向力学模型大多为非线性，反应谱计算结果仅能作为参考。隔震结构的竖向地震作用效应应以考虑支座竖向非线性力学性能的时程计算结果为准。

根据统计表明，竖向地震的最大加速度与地面水平最大加速度之比为 1/3~1/2，越靠近震中区，比值越大。我国《建筑抗震设计规范》中将竖向地震系数与水平地震系数之比取为 $k_v / k_H = 2/3$，由此可得竖向地震影响系数，即：

$$\alpha_v = k_v \beta_v = \frac{2}{3} k_H \beta_H = \frac{2}{3}\alpha_H \approx 0.65\alpha_H \tag{3-19}$$

式中　k_v、k_H——竖向和水平地震系数；

　　β_v、β_H——竖向和水平向动力系数；

　　α_v、α_H——竖向和水平向地震影响系数。

既有研究表明，对于高层建筑和高耸结构取第一阶振型竖向地震作用为结构的竖向地震作用时，误差是不大的。在现行规范中结构竖向地震作用效应的计算仅考虑了第一阶振型贡献。

结构的竖向地震作用可按下式进行计算：

$$F_{vi} = \alpha_{v1} \gamma_1 Y_{i1} G_i \tag{3-20}$$

式中　F_{vi}——第 i 质点的地震作用标准值；

　　α_{v1}——相应于结构竖向基本周期的竖向地震影响系数；

　　Y_{i1}——竖向第一阶振型质点 i 的相对位移；

　　G_i——第 i 质点的重力荷载代表值；

　　γ_1——第一阶振型参与系数。

3.3.5　考虑复振型的振型分解反应谱法

通常的振型分解反应谱法为了简化分析，采用了经典的瑞利阻尼假定。在此假定下，由无阻尼运动方程得到的模态振型能对阻尼矩阵进行解耦。然而对于隔震结构,隔震层往往存在着较高的附加阻尼,而上部建筑结构阻尼水平较低,这样的不均衡意味着经典阻尼假定可能不准确。以下公式在传统振型分解反应谱法的形式上,对计算系数进行了调整,以考虑非经典阻尼产生的复振型机理。

采用振型分解反应谱法计算时,结构第 j 振型 i 质点的水平地震作用标准值按式(3-21)计算,复振型分解反应谱法中第 j 阶振型向量和参与系数可按下列公式计算:

$$X_{ji} = Re(c_{ij}\eta_j\phi_{ji}) \tag{3-21}$$

$$\gamma_j = Re(\eta_j\lambda_j) \tag{3-22}$$

$$\eta_j = \sum_{i=1}^{n} -\lambda_j\phi_{ji}G_i \Big/ \sum^{n}(c_{ji}-\lambda_j^2)\phi_{ji}^2 G_i \tag{3-23}$$

$$c_{ji} = \begin{cases} 2[-(1+\mu)\omega_b^2/\lambda_j + (-\lambda_j-\alpha)\sum_{i=b+1}^{n} G_i\phi_{ji}/(1+\beta\lambda_j)/G_b\phi_{jb}]/\gamma_j & \text{隔震层} \\ 2(-\lambda_j-\alpha)/(1+\beta\lambda_j)/\gamma_j & \text{其他楼层} \end{cases}$$

$$\tag{3-24}$$

式中 G_i——集中于质点 i 的重力荷载代表值(kN);

       G_b——集中于隔震层的重力荷载代表值(kN);

       λ_j——第 j 阶振型对应的特征值,一般为复数;

       η_j——第 j 阶振型对应的复数形式的振型参与系数;

       ϕ_{ji}——第 j 阶振型向量中第 i 个位移分量;

       c_{ji}——第 j 阶振型 i 质点地震作用非比例阻尼影响系数,当隔震结构为比例阻尼时等于 1.0;

       μ——振型耦合项;

       ω_b——隔震层圆频率,等于隔震层刚度除以上部结构和隔震层重量之和的平方根;

       α——上部结构采用瑞利阻尼假定所对应的质量矩阵系数;

       β——上部结构采用瑞利阻尼假定所对应的刚度矩阵系数。

第 j 振型水平地震作用效应的非比例阻尼影响参数 ι_j,定义为由非比例阻尼引入的速度项地震作用效应与 $L(F_j)$ 表示效应的比值向量,第 j 阶向量中第 i 个分量速度项地震作用可按照下式计算,其中 M_i 为第 i 阶模态质量:

$$\iota_j = S_j^v / S_j^u \tag{3-25}$$

$$F_{ji}^v = 2M_iRe(c_{ji}\phi_j\eta_j\lambda_j)S_j^v \quad i=1,2,\cdots,n, j=1,2,\cdots,m \tag{3-26}$$

采用强迫解耦实振型分解反应谱法进行地震作用及其效应计算,在比例阻尼的条件下, $c_{ji}=1$, $\iota_j=0$ 。

当相邻振型周期小于 0.85 时,由复振型分解反应谱法得到的水平地震作用效应,包括弯矩、剪力、轴向力和变形等可按下式确定:

$$S_{Ek} = \sqrt{\sum(1+\iota^2)S_j^2} \tag{3-27}$$

式中 S_{Ek}——地震作用标准值的组合效应;

       S_j——第 j 阶振型水平地震作用效应。

3.4 基于位移的等效参数求解法

隔震层位移作为设计中一个至关重要的参数，在其他设计参数确定的情况下，基于隔震层的位移，可以直接确定隔震结构的等效周期、等效阻尼比等基本动力参数，从而决定了隔震结构的隔震效果。因而，准确预估隔震层在不同水准地震动作用下的预期变形，对于掌握隔震结构的性能，求取隔震层用于设计的等效参数，具有重要意义。

本小节以流程图的形式，给出了针对隔震结构的简化迭代计算方法（图3-2）。得到的隔震层等效刚度和等效阻尼比参数，可用于隔震结构的整体设计。

1. 第一步：确定隔震方案

基于位移的计算方法，目标是得到与响应位移幅值相关的隔震层等效力学参数，用于整体设计。这里所需确定的隔震方案，仅涉及隔震上部结构的总重力荷载代表值、支座类型及数量、附加阻尼器的类型及数量等。

2. 第二步：简化为单自由度（SDOF）体系

考虑到后续求解实际位移可能会多次迭代，针对普通隔震结构，建议简化为单自由度体系进行计算。针对高层隔震结构，可根据实际情况，采用多自由度体系进行迭代计算，方法与 SDOF 体系类似。

3. 第三步：设定位移幅值

设定迭代初始位移值，用于后续迭代计算。初始迭代步，对于设防地震，建议位移幅值可取为叠层橡胶支座100%等效变形值。

4. 第四步：根据位移幅值，计算等效阻尼比 ξ_{eq}

等效阻尼比可按下式进行计算：

$$\xi_{eq} = \sum W_{cj} / (4\pi W_s) \tag{3-28}$$

式中　W_{cj}——第 j 个消能器（包括铅芯橡胶支座中的铅芯、摩擦摆支座的摩擦耗能等）在位移幅值 d_i 下往复循环一周所消耗的能量；

　　W_s——隔震层总应变能。

设定位移与等效阻尼比的关系示意如图3-3所示。

5. 第五步：由设计位移谱，计算单自由度等效周期 T_{eq}

我国《建筑抗震设计规范（2016年版）》（GB 50011—2010）中，仅对设计加速度谱进行了定义。设计位移谱可根据设计加速度谱进行反推，即：

$$S_d(T,\xi) = \frac{T^2}{4\pi^2} S_a(T,\xi) \tag{3-29}$$

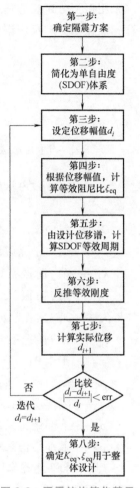

第一步：
确定隔震方案

第二步：
简化为单自由度
（SDOF）体系

第三步：
设定位移幅值 d_i

第四步：
根据位移幅值，计算等效阻尼比 ξ_{eq}

第五步：
由设计位移谱，计算SDOF等效周期

第六步：
反推等效刚度

第七步：
计算实际位移 d_{i+1}

比较 $\left|\frac{d_i - d_{i+1}}{d_i}\right| <$ err

否　迭代 $d_i = d_{i+1}$

是

第八步：
确定 K_{eq}、ξ_{eq} 用于整体设计

图 3-2　隔震结构简化基于位移计算方法流程图

利用以上关系式，可以在已知谱位移和等效阻尼比的前提下，反算出结构的等效周期，如图 3-4 所示。

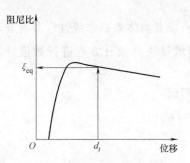

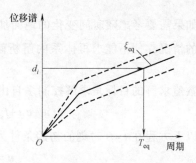

图 3-3 设计位移幅值与等效阻尼比关系示意　　　　图 3-4 结构等效周期反推示意

6. 第六步：反推等效刚度 K_{eq}

隔震方案 SDOF 简化模型的等效刚度可按下式计算：

$$K_{eq} = \frac{4\pi^2 G}{g T_{eq}^2}　\qquad (3-30)$$

式中　G——隔震上部结构的重力荷载代表值；

$\quad T_{eq}$——上步得到的结构等效周期。

7. 第七步：计算实际位移 d_{i+1}，比较 d_i 和 d_{i+1} 是否相等

由隔震方案的等效刚度，可得到隔震层的剪力：

$$V = K_{eq} d_i　\qquad (3-31)$$

根据隔震层剪力，隔震层力-位移关系曲线，反推实际位移 d_{i+1}，反推示意如图 3-5 所示。对比设定位移 d_i 与实际位移 d_{i+1}，反复迭代直至两者收敛一致。

8. 第八步：确定隔震层等效刚度 K_{eq} 和等效阻尼比 ξ_{eq} 用于隔震结构的整体设计

代入振型分解反应谱法等进行上部结构的设计。

需要特别注意基于位移的隔震层等效参数计算方法与基于位移设计方法（4.2.2 节）的区别。前者是在隔震层初步方案确定的情况下，迭代求解在特定地震动水准下的隔震层位移，进而确定隔震层的等效刚度和等效阻尼比，用于对隔震结构进行整体设计。而基于位移设计方法则相

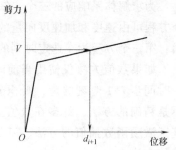

图 3-5 结构实际位移反推示意

反，其首先确定了隔震层的预期位移，并基于此位移确定隔震层的等效刚度和等效阻尼比，进而对隔震层和上部结构进行细化设计。

3.5　时程分析法

3.5.1　适用条件

对于所有隔震结构方案，特别是不满足底部剪力法和振型分解反应谱法适用条件的隔震

结构，宜采用时程分析法来计算地震作用，用于补充设计及性能验算。

3.5.2　动力反应的数值计算方法

如果需要考虑随时间变化的地面加速度激励 $\ddot{u}_g(t)$，或者当体系是非线性、具有非经典阻尼的情况，便不能求得体系的解析解，需要通过时间增量法对微分方程进行数值计算来处理。

数值求解的目标是求解控制多自由度体系的微分方程组：

$$m\ddot{u}+c\dot{u}+f_s(u,\dot{u})=p(t)\text{ 或 }-mI\ddot{u}_g(t) \tag{3-32}$$

以上方程在 $t=0$ 时刻的初始条件为

$$u=u(0)\text{ 和 }\dot{u}=\dot{u}(0) \tag{3-33}$$

在求解时，可以将时间尺度分为一系列连续的时间步，通常为不变的时间间隔 Δt。激励在每个离散时刻 $t_i=i\Delta t$ 给出，即 $p_i\equiv p(t_i)$。体系的反应将在同一时刻求出，分别表示为 $u_i\equiv u(t_i)$，$\dot{u}_i\equiv \dot{u}(t_i)$ 和 $\ddot{u}_i\equiv \ddot{u}(t_i)$。类似地，体系在 t_i 时刻的恢复力用 $(f_s)_i$ 表示。从体系在 t_i 时刻满足的已知方程出发：

$$m\ddot{u}_i+c\dot{u}_i+(f_s)_i=p_i \tag{3-34}$$

采用增量法，逐步地前往求解出体系在 $i+1$ 时刻满足运动方程的反应 u_{i+1}、$\dot{u}_{i+1}$ 和 $\ddot{u}_{i+1}$：

$$m\ddot{u}_{i+1}+c\dot{u}_{i+1}+(f_s)_{i+1}=p_{i+1} \tag{3-35}$$

在初始条件已知的前提下，将以上过程连续应用于 $i=0$，1，2，3，…时刻，可以得到在所有时刻的体系反应。

为求解体系响应的三个未知量 u_{i+1}、$\dot{u}_{i+1}$ 和 $\ddot{u}_{i+1}$，数值方法需要 3 个矩阵方程：其中两个方程可由速度和加速度向量的有限差分方程导出，或由反应在时间步内假设的变化方式导出；第三个方程为在选定时刻的运动方程。

如果数值方法仅使用当前时刻 i 的量，则积分方法称为显式方法；如果还需要使用下一时间步 $i+1$ 时刻的量，则积分方法称为隐式积分法。从 i 时刻到 $i+1$ 时刻的递推法一般不是精确的方法，许多在数值上可以实现的方法都是近似的。常见的时间增量法有 3 种：基于激励函数插值的方法、基于速度和加速度有限差分表达的方法和基于假设加速度变化的方法。

对于数值方法，有 3 个重要要求：

1）收敛性要求。随着时间步长的减小，数值解应该能逼近精确解。

2）稳定性。存在数值舍入误差的情况下，数值解应是稳定的。

3）基于假设加速度变化的方法。

特别地，针对隔震结构的时程分析，在工程应用中通常使用商业或科研软件进行。常用的软件包括但不限于 Etabs、Sap2000、Midas 和 OpenSees 等。在商业软件中，能够方便地对隔震结构进行建模和分析。通常采用连接单元（Link Element）来模拟隔震器的非线性力学性能。而对于科研软件 OpenSees，其相较于商业软件而言，尽管前后处理方式不够友好，然而其开源的特性，使其能针对隔震器更为复杂的非线性力学行为进行模拟。

3.5.3　隔震结构计算分析中应注意的问题

1. 支座受拉性能模拟

隔震支座的抗压刚度会远大于其抗拉刚度，或不具有抗拉能力。有研究表明，支座属性的拉压刚度取值不同，对隔震上部结构的楼层剪力、层间位移以及支座拉应力的验算影响较大。然而在 Etabs、SAP2000 以及 Midas 等商用软件中，支座连接单元竖向力-位移性能仍采用线性弹簧来进行模拟。为计入橡胶支座的拉压非线性，应该通过支座单元与 Gap 单元并联方式考虑。橡胶支座的受拉刚度通常取为受压刚度的 1/10，摩擦摆支座的受拉刚度设置为零。

在 OpenSees 中模拟隔震单元，其竖向力-位移曲线通过指定单轴材料（Uniaxial Material）的方式定义，建议采用双线性弹簧材料进行定义。

2. 重力效应考虑

橡胶支座的水平向力学性能，在一定竖向面压变化范围内，认为基本不受到竖向压力的影响。有时在工程设计和分析时，为简化分析，在时程计算时不考虑结构自身重力，而在进行构件受力验算时，通过水平地震作用标准值和重力静力作用标准值进行组合的方式来计入重力影响。然而，这样组合的方式准确性建立在结构的线性假定之下，对于具有强非线性的隔震结构，不推荐采用此方法。对于摩擦摆支座，其水平向力学性能与竖向压力时刻相关，必须时刻考虑重力影响。

对于结构重力效应的计算，建议参考 Sap2000 分析手册中的方法，即采用预加载工况的形式，在进行地震响应计算之前设置预工况计算重力。预工况采用斜坡函数（Ramp Function）的方式加载，如图 3-6 所示。斜坡函数斜坡和平台段持时建议大于 5 倍结构基本周期，对于隔震结构一般均不小于 15s 为宜。采用

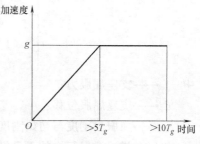

图 3-6　重力预加载工况示意

FNA（Fast Nonlinear Analysis）方法进行分析时，模态阻尼比取为 0.99。后续工况需在重力预加载工况之后进行分析，需要注意的是，商用软件中需要预工况和后续工况采用的分析方法相同，例如同时采用 FNA 方法，或同时采用逐步积分法进行分析。

在 OpenSees 中考虑重力效应，有两种方法，一是采用与上类似的斜坡函数加载方式；二是先针对重力进行静力加载，再进行地震工况的时程分析。

3. 结构周期计算

隔震结构的等效周期与隔震层的位移幅值相关，在商业软件中定义隔震支座时，其中的线性刚度将用于计算结构的周期。等效线性刚度的取值建议采用基于位移的迭代方法计算出的等效刚度。需要注意的是，在软件中计算出的结构周期将不会影响时程计算结果（采用逐步积分方法），周期仅作设计参考。使用 FNA 方法，周期会对时程计算结果产生影响。从零初始条件开始的非线性模型分析使用了基于有效刚度计算的振型，但是在时间积分时，这些振型也会被改变从而能基本反映实际的刚度和其他非线性特征。也有专家建议针对减隔震结构，不采用 FNA 方法进行计算。OpenSees 计算周期采用结构的初始切线刚度，计算出的结构周期结果不具有太大意义。

3.5.4 常用支座力学模型

1. 叠层铅芯橡胶支座

（1）弹塑性模型 弹塑性模型的骨架曲线如图 3-7 所示。模型骨架曲线为双线性，屈服之前为线弹性，刚度记为 K_{init}。屈服之后刚度折减，并考虑到高阻尼橡胶支座在大变形条件下出现的加强段，屈服后刚度按下式进行计算：

$$K_y = \alpha_1 K_{init} + \alpha_2 K_{init} \mu |D|^{\mu-1} \tag{3-36}$$

式中 K_y——支座屈服后刚度；

     α_1——屈服后线性加强部分刚度比；

     α_2——屈服后非线性加强部分刚度比；

     μ——非线性加强部分指数参数；

     D——支座水平剪切变形。

也可不考虑屈服后的非线性加强段，直接采用双线性的骨架曲线。

（2）Bouc-Wen 模型 Bouc-Wen 模型是一种在工程上应用广泛的"半物理"滞回模型，通过不同的形式变换和参数识别拟合，能描述多种工程中的滞回耗能构件。对于隔震支座构件，相应的 Bouc-Wen 模型通常如下式所示：

$$\begin{cases} F = \alpha \dfrac{f_y}{d_y} x + (1-\alpha) f_y z \\ \dot{z} = \dfrac{1}{d_y} (A\dot{x} - \beta |\dot{x}| z |z|^{\eta-1} - \gamma \dot{x} |z|^{\eta}) \end{cases} \tag{3-37}$$

式中 f_y——支座屈服力；

     d_y——支座屈服位移；

     α——屈服后刚度与初始刚度的比值；

     z——描述滞回行为的无量纲参数，与 A、β、γ 和 η 四个无量纲参数相关。

主要增加的 4 个无量纲控制参数含义如下：

1）控制线性到非线性过渡段的参数 η。随着 η 的增大，转角更加"锋利"，通常取值大于等于 1.0，示意如图 3-8 所示。

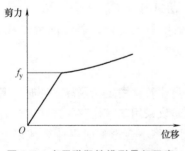

图 3-7 水平弹塑性模型骨架示意

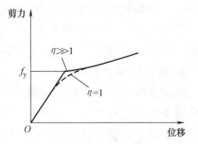

图 3-8 水平弹塑性模型骨架示意

2）控制滞回曲线形状的参数 γ、β。可以利用这两个参数来模拟滞回曲线的软化、硬化或者准线性特征。γ 通常取值为 $-1\sim1$，β 取值 $0\sim1$。当 $\beta+\gamma>0$ 且 $\beta-\gamma>0$，$\beta+\gamma>0$ 且 $\beta-\gamma<0$ 以及 $\beta+\gamma>0$ 且 $\beta-\gamma=0$ 时，滞回曲线表现出软化特征；当 $\beta+\gamma<0$ 且 $\beta-\gamma>0$ 时，滞回曲线表

现出硬化特征；当 $\beta+\gamma=0$ 且 $\beta-\gamma>0$ 时，滞回曲线体现出准线性特征。不同控制参数下，滞回形状示意如图 3-9 所示。

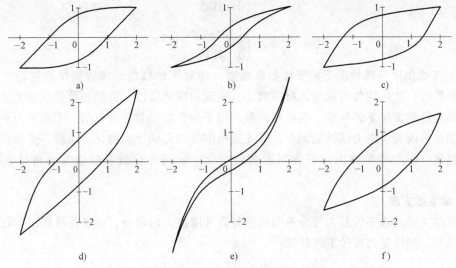

图 3-9　Bouc-Wen 模型滞回形状控制示意

a) $\beta=0.5$；$\gamma=0.5$　b) $\beta=0.1$；$\gamma=0.9$　c) $\beta=0.9$；$\gamma=0.1$

d) $\beta=0.5$；$\gamma=-0.5$　e) $\beta=0.25$；$\gamma=-0.75$　f) $\beta=0.75$；$\gamma=-0.25$

3）控制滞回切线刚度的参数 A。通常在软件中，参数 A 不直接进行定义，而是通过指定骨架曲线刚度的方式给出，通常将 $A=1$，$\beta=\gamma=0.5$。

Bouc-Wen 模型能够对滞回曲线转角尖锐程度、多变滞回形状进行准确的描述，是目前最广泛应用的隔震装置数值模型，被多种商业软件采用。当计入两个水平方向自由度力-变形耦合时，按照以下方式进行考虑：

$$\begin{cases} F_1 = \alpha_1 \dfrac{f_{y1}}{d_{y1}} x_1 + (1-\alpha_1) f_{y1} z_1 \\[3mm] F_2 = \alpha_2 \dfrac{f_{y2}}{d_{y2}} x_2 + (1-\alpha_2) f_{y2} z_2 \end{cases} \tag{3-38}$$

式中　F_1、F_2——两水平正交方向的支座恢复力；

　　　α_1、α_2——支座两方向屈服后刚度与初始刚度的比值；

　　　f_{y1}、f_{y2}——支座两方向的屈服强度；

　　　d_{y1}、d_{y2}——支座两方向的屈服位移；

　　　z_1、z_2——滞回变量，$\sqrt{z_1^2+z_2^2} \leqslant 1$。

滞回变量的求解根据以下微分公式：

$$\begin{pmatrix} \dot{z}_1 \\ \dot{z}_2 \end{pmatrix} = \begin{pmatrix} 1-\alpha_1 z_1^2 & -\alpha_2 z_1 z_2 \\ -\alpha_1 z_1 z_2 & 1-\alpha_2 z_2^2 \end{pmatrix} \begin{pmatrix} \dfrac{\dot{x}_1}{d_{y1}} \\[3mm] \dfrac{\dot{x}_2}{d_{y2}} \end{pmatrix} \tag{3-39}$$

上式中：

$$\alpha_1 = \begin{cases} 1 & \dot{x}_1 z_1 > 0 \\ 0 & \text{其他} \end{cases} \tag{3-40}$$

$$\alpha_2 = \begin{cases} 1 & \dot{x}_2 z_2 > 0 \\ 0 & \text{其他} \end{cases} \tag{3-41}$$

（3）考虑极限荷载情况下的支座数值模型　在对例如核电站等重要结构进行极罕遇地震响应分析时，支座构件可能进入极限状态，表现出强非线性，传统的数值模型无法体现支座在极罕遇地震工况下的性能。在极限荷载作用下的支座力学行为包括：①水平向力学性能耦合；②水平向和竖向力学性能耦合；③支座极限受拉力学性能退化；④循环受拉荷载引起的强度退化；⑤水平位移引起临界屈服荷载变化；⑥循环荷载引发铅芯发热导致的强度退化。

2. 摩擦摆支座

摩擦摆支座的水平恢复力可分解为摆恢复力和摩擦力两部分，两者并联作用，在摆角较小的情况下，摆恢复力可按下式计算：

$$F_\mathrm{P} = \frac{W}{R} \tag{3-42}$$

式中　W——支座承担重力；

R——支座表面曲率半径。

在对滑板支座进行模拟时，可利用摩擦摆支座单元，将曲率半径值设置为一个较大值。

在摆角较大的情况下，摆恢复力表现出"硬弹簧"的特征，刚度会随着位移增加而增大。而针对建筑结构摩擦摆隔震的设计和仿真，通常对于摆力仅做线性假定，后续讨论仅针对支座恢复力中的摩擦力部分进行。

聚四氟乙烯材料与钢板之间的摩擦，是一种强非线性行为，其摩擦系数主要受到以下一些因素影响：

1）接触面应力水平。摩擦系数随接触面应力水平的增加而增大，直到接触面粗糙体产生塑性变形，摩擦系数将保持为常数。需要注意的是，通常随着加载圈数的增加，摩擦面性质产生变化，摩擦系数随之变化。

2）滑动速率。当静摩擦力被克服起滑后，摩擦系数随着滑动速率的提高先减小后增大。

3）滑动面温度。滑动面温度受滑动速率和接触面压影响，滑动面温度随着滑动速率和接触面压的增加而升高，摩擦系数降低。摩擦系数受接触面压和滑动速率影响的示意图如图 3-10 所示。

4）荷载作用时间影响。有研究表明，由于摩擦材料晶体结构的改变，静摩擦力在支座受到重力荷载 24h 内有显著提升。然而，摩擦性质的变化随时间增长而趋于平缓。

5）腐蚀和污染影响。摩擦接触面的光滑程度受到材料腐蚀和污染程度的影响。

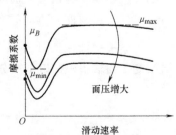

图 3-10　滑动摩擦系数受面压和滑动速率影响（特氟龙-钢接触面）

（1）改进库仑模型　将聚四氟乙烯（PTFE）材料与滑动面之间的黏滞和滑动转换现象考虑为"黏-滑"效应，得到以下改进库仑模型：

$$\begin{cases} F = \mu_s W \mathrm{sgn}(\dot{x}) \\ \mu_s = f_{\text{fast}} - (f_{\text{fast}} - f_{\text{slow}}) \cdot \exp(-a|\dot{x}|) \end{cases} \tag{3-43}$$

式中　μ_s——滑动摩擦系数；

f_{fast}、f_{slow}——快速、慢速滑动状态下的摩擦系数；

a——转换系数，在给定支座面压和滑动面状态下为定值；

sgn( )——符号函数。

（2）Bouc-Wen模型　与式（3-37）相似的Bouc-Wen模型也能用来描述摩擦摆支座的滞回性能，即

$$\begin{cases} F = \mu_s W z \\ d_y \dot{z} + \gamma |\dot{x}| |z|^{\eta-1} z + \beta \dot{x} |z|^{\eta} - A\dot{x} = 0 \end{cases} \tag{3-44}$$

式中 μ_s——滑动摩擦系数，按照式（3-43）来考虑摩擦系数变化。

当 $A=1$，$\beta+\gamma=1$，上式简化为黏弹塑性模型，此时 d_y 表示为屈服位移，其余参数定义与之前定义相同。

当计入两个水平方向自由度力-变形耦合时，按照以下方式进行考虑：

$$\begin{cases} F_{1f} = -P\mu_1 z_1 \\ F_{2f} = -P\mu_2 z_2 \end{cases} \tag{3-45}$$

式中　μ_1、μ_2——滑动摩擦系数；

z_1、z_2——内部滞后变量。

摩擦系数可按下列公式选取：

$$\begin{cases} \mu_1 = f_{\text{fast},1} - (f_{\text{fast},1} - f_{\text{slow},1}) \cdot \exp(-a|v|) \\ \mu_2 = f_{\text{fast},2} - (f_{\text{fast},2} - f_{\text{slow},2}) \cdot \exp(-a|v|) \end{cases} \tag{3-46}$$

式中　$f_{\text{fast},1}$、$f_{\text{fast},2}$——两方向快速滑动时的摩擦系数；

$f_{\text{slow},1}$、$f_{\text{slow},2}$——两方向零速滑动时的摩擦系数；

v——两方向速度的合成。

内部滞后变量的范围为：$\sqrt{z_1^2+z_2^2} \leq 1.0$，屈服面由 $\sqrt{z_1^2+z_2^2}=1.0$ 表示。z_1 和 z_2 的初始值为零，且按照下面的微分方程确定：

$$\begin{pmatrix} \dot{z}_1 \\ \dot{z}_2 \end{pmatrix} = \begin{pmatrix} 1-\alpha_1 z_1^2 & -\alpha_2 z_1 z_2 \\ -\alpha_1 z_1 z_2 & 1-\alpha_2 z_2^2 \end{pmatrix} \begin{pmatrix} \dfrac{k_1}{P\mu_1}\dot{x}_1 \\ \dfrac{k_2}{P\mu_2}\dot{x}_2 \end{pmatrix} \tag{3-47}$$

式中　k_1、k_2——两方向在无滑移状态下支座的初始剪切刚度；

$\dot{x}_1$、$\dot{x}_2$——两方向的滑移速度。

（3）多重摆支座模型　多重摆支座具有自适应的刚度和耗能特性，理论上采用多重摆支座进行隔震能实现多性能目标设计。三重摆摩擦支座多阶段不同滞回模型的示意如图3-11

所示，其力学模型与单摩擦摆相比复杂程度大幅提升，目前还未有工程实例报告，这里不再做介绍。

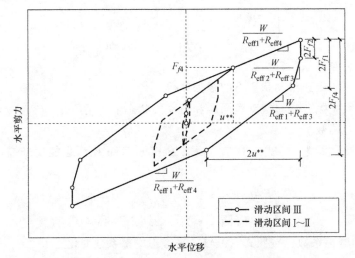

图 3-11　三重摆摩擦支座多阶段力学模型

3.6　能量分析法

建筑隔震的基本原理类似于物理中的滤波效应，通过在结构底部设置柔性隔震层，减小地震动能量输入。通过衡量地震动输入能量值，能够定性地判断隔震效果。然而目前尚没有直接利用能量分析计算进行隔震设计的方法。计算地震输入能量的方法有时域积分法和频域积分法两种，采用时域积分方法通常是已经计算得到了结构的非线性时程响应，对结构响应再进行积分；而频域积分方法通常是得到系统的线性等效刚度和等效阻尼比，进而通过等效线性传递函数得到地震输入能量。总的说来，时域积分法考虑了结构精细非线性响应，频域方法仅为系统的等效线性化结果，时域方法更为精确。然而，时域方法计算要求更高，在初始隔震方案的设计中通常采用频域方法计算。

3.6.1　时域积分法

在受到地震激励情况下，一般离散多自由度非线性系统的运动控制微分方程可以表示为以下矩阵形式：

$$[M]\{\ddot{x}(t)\}+[C]\{\dot{x}(t)\}+\{F_r(t)\}=-[M][I]\ddot{x}_g(t) \tag{3-48}$$

式中　　　　$[M]$——体系质量矩阵；

$[C]$——体系阻尼矩阵；

$\{\ddot{x}(t)\}$、$\{\dot{x}(t)\}$——体系的相对加速度和相对速度的响应向量；

$\{F_r(t)\}$——体系非线性恢复力矩阵；

$[I]$——单位转置矩阵；

$\ddot{x}_g(t)$——地面运动加速度时程。

通过对运动控制方程左右两边同时对位移进行积分，得到能量方程，即：

$$\int \{\mathrm{d}x\}^{\mathrm{T}}[M]\{\ddot{x}(t)\} + \int \{\mathrm{d}x\}^{\mathrm{T}}[C]\{\dot{x}(t)\} + \int \{\mathrm{d}x\}^{\mathrm{T}}\{F_{\mathrm{r}}(t)\}$$
$$= -\int \{\mathrm{d}x\}^{\mathrm{T}}[M][I]\ddot{x}_g(t) \tag{3-49}$$

注意到有以下的微分关系：

$$\{\mathrm{d}x(t)\} = \{\dot{x}(t)\}\mathrm{d}t \tag{3-50}$$

$$\{\mathrm{d}\dot{x}(t)\} = \{\ddot{x}(t)\}\mathrm{d}t \tag{3-51}$$

式中 $\{x(t)\}$——相对位移的响应向量。

能量方程的形式可以变换为

$$\int \{\dot{x}(t)\}^{\mathrm{T}}[M]\{\mathrm{d}\dot{x}(t)\} + \int \{\dot{x}(t)\}^{\mathrm{T}}[C]\{\mathrm{d}x(t)\} + \int \{\mathrm{d}x\}^{\mathrm{T}}\{F_{\mathrm{r}}(t)\}$$
$$= -\int \{\mathrm{d}x\}^{\mathrm{T}}[M][I]\ddot{x}_g(t) \tag{3-52}$$

式（3-52）的能量平衡方程中的各项，按照顺序可以重新进行如下定义：

$$E_{\mathrm{k}}^{\mathrm{r}}(t) + E_{\mathrm{vd}}(t) + E_{\mathrm{a}}(t) = E_{\mathrm{in}}^{\mathrm{r}}(t) \tag{3-53}$$

式中 $E_{\mathrm{k}}^{\mathrm{r}}(t)$——体系 t 时刻的相对动能；

$E_{\mathrm{vd}}(t)$——体系从开始到 t 时刻的黏滞阻尼耗能；

$E_{\mathrm{a}}(t)$——体系从开始到 t 时刻的结构非线性耗能；

$E_{\mathrm{in}}^{\mathrm{r}}(t)$——体系从开始到 t 时刻的相对输入能量。

3.6.2 频域积分法

由基于时域的能量积分方法，可知：

$$E_{\mathrm{in}}^{\mathrm{r}}(t) = -\int \{\dot{x}(t)\}^{\mathrm{T}}[M][I]\ddot{x}_g(t)\mathrm{d}t \tag{3-54}$$

对上式变量进行重新定义：

$$E_{\mathrm{in}}^{\mathrm{r}}(t) = -\int \{\dot{x}(\tau,t)\}^{\mathrm{T}}[M][I]\ddot{x}_g(\tau,t)\mathrm{d}\tau \tag{3-55}$$

式中 $\{\dot{x}(\tau,t)\}$——在 τ 时刻的体系相对速度响应值，在 t 时刻之前 $\{\dot{x}(\tau,t)\}$ 值与 $\{\dot{x}(t)\}$ 相同，之后为零值；

$\{\ddot{x}_g(\tau,t)\}$——在 τ 时刻的地震输入加速度响应值，在 t 时刻之前 $\{\ddot{x}_g(\tau,t)\}$ 值与 $\{\ddot{x}_g(t)\}$ 相同，之后为零值。

对上式进行傅里叶变换和傅里叶逆变换，可得：

$$E_{\mathrm{in}}^{\mathrm{r}}(t) = -\int_{-\infty}^{\infty} \frac{1}{2\pi}\int_{-\infty}^{\infty} \{\dot{X}(\omega,t)\}^{\mathrm{T}}\mathrm{e}^{\mathrm{i}\omega t}[M][I]\ddot{x}_g(\tau,t)\mathrm{d}\omega\mathrm{d}t$$

$$= \frac{1}{2\pi}\int_{-\infty}^{\infty} \mathrm{i}\omega[I]^{\mathrm{T}}[M]^{\mathrm{T}}\boldsymbol{A}^{-1}\ddot{X}_g(\omega,t)[M][I]\ddot{X}_g(-\omega,t)\mathrm{d}\omega$$

$$= \int_{0}^{\infty} |\ddot{X}_g(\omega,t)|^2 F(\omega)\mathrm{d}\omega \tag{3-56}$$

式中 $\ddot{X}_g(\omega,t)$——地震输入时程的傅里叶变换值；

$F(\omega)$——地震输入时程的傅里叶变换值。

$F(\omega)$ 按下式计算:

$$F(\omega) = Re[i\omega[I]^T[M]^T A^{-1}[M][I]]/\pi \qquad (3-57)$$

上式中,A 的计算方式如下:

$$A = -\omega^2[M] + i\omega[C] + [K] \qquad (3-58)$$

对于某隔震结构,以台湾 Chichi 波输入为例,求出了其自功率谱如图 3-12 所示。非隔震、隔震以及附加阻尼隔震结构的频率响应函数如图 3-13 所示。图 3-14 为计算得到地震动输入能量对比。

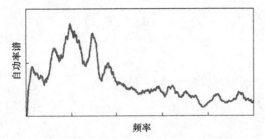

图 3-12 地震动自功率谱(傅里叶幅值谱平方)

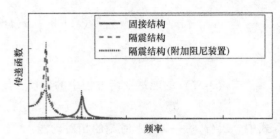

图 3-13 系统频率响应函数绝对值对比

由图 3-13 和图 3-14 对比可知,产生隔震效果的本质原因是结构设置了隔震层,使系统特征频率降低,频率响应曲线错开了地震动输入能量峰值的频带范围。这种传递函数曲线的改变最终反映在地震动能量输入上,可以较大幅度地降低地震动能量输入。

值得注意的是,通常在隔震层会设置

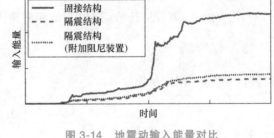

图 3-14 地震动输入能量对比

附加黏滞阻尼器来提升隔震层的附加阻尼比,消耗地震能量。阻尼比的提升可降低系统频响函数绝对值的峰值,然而却会增加地震动的总能量输入。从这个角度来看,过高的隔震层附加阻尼比也会对隔震效果造成不利。既有研究表明,隔震层的最佳附加阻尼比在 30% 左右。

【思 考 题】

1. 地震作用计算常用的方法有哪些?
2. 隔震建筑与普通抗震建筑分析主要区别在哪里?
3. 底部剪力法的适用条件有哪些?
4. 如何在时程分析中考虑支座的拉压非线性?
5. 如何在时程分析中考虑结构重力效应?
6. 基于位移的等效参数求解方法与基于位移的整体设计法有何区别?

第 4 章　建筑隔震设计

【学习目标】
1. 掌握分部设计法和整体设计法的基本流程。
2. 掌握隔震设计中各验算指标的使用方法。

　　建筑隔震设计为本书的重点章节，是读者从了解隔震技术到工程实践应用的关键一环。本章介绍了 3 部分内容，包括基础隔震结构设计一般要求、隔震设计方法和隔震结构验算。其中，隔震设计方法有 3 种：分部设计法、基于等效线性化整体设计法和基于位移的整体设计法。我国目前规范中采用分部设计法进行设计，其具有一定的合理性，极大地简化了隔震设计流程；整体设计法为国际上隔震工程设计广泛采用，是未来设计发展趋势。

4.1　基础隔震结构设计一般要求

4.1.1　隔震结构抗震设防目标

　　采用隔震设计的建筑，当遭遇到本地区多遇地震、设防地震和罕遇地震影响时，可按照高于《建筑抗震设计规范（2016 年版）》（GB 50011—2010，以下简称《抗规》）提出的"小震不坏，中震可修，大震不倒"的设防目标进行设计。在 2017 年《建筑隔震设计标准》（征求意见稿）中已提出，除特殊要求外，隔震建筑的基本设防目标是：当遭遇相当于本地区设防烈度的设防地震时，隔震建筑基本完好；当遭受罕遇地震时，可能发生损坏，经修复后可继续使用；当遭受极罕遇地震时，不致倒塌或发生危及生命的严重破坏。可以看出《建筑隔震设计标准》中的隔震建筑的设防目标高于传统建筑结构，对于隔震建筑而言，设防目标开始由"小震不坏，中震可修，大震不倒"转变为"中震不坏，大震可修，极罕遇不倒"。

4.1.2　隔震结构适用范围

　　一般来说，隔震技术适用性较强，从低层到小高层建筑，从一般结构到大跨度结构，可适用于各种用途的新建建筑和既有建筑改造加固。经过隔震设计的建筑结构具有较好的抵抗地震的能力，因此对于安全性要求高的重要建筑，例如医院、学校、电站等以及高烈度地区建筑推荐采用隔震技术。随着经济发展与隔震技术趋于成熟，国内更多地区的住宅与公共建筑均逐步推广使用隔震技术。

由于采用隔震设计后的建筑结构需要预留足够隔震层变形空间，因此在建筑密集地区可能较难推广隔震技术。当结构高宽比较大时，结构自身周期会较长，且随着高宽比增大，结构高阶效应也会越明显，又存在一定的倾覆作用，导致隔震技术应用难度增大，因此超高层和大高宽比建筑较少使用隔震方案，而多采用消能减震结构形式。

4.1.3 隔震房屋体型要求

隔震建筑平、立面宜规则对称，且结构高宽比较小为宜。《抗规》规定隔震结构高宽比宜小于4，且不应大于相关规程对非隔震结构的具体规定，其变形特征接近剪切变形，最大高度应满足非隔震结构的要求；当隔震结构高宽比大于4时，采用隔震设计应进行专门研究。通常来说，隔震建筑高宽比较小时，隔震前结构的周期较小，在设置隔震装置后能起到明显延长结构周期的效果，当隔震后结构周期与输入地震动特征周期的比值越大时，隔震效果越明显；如果结构高宽比较大，设置隔震装置后，在地震作用下上部结构易发生摇摆倾覆使隔震支座受拉破坏。因此，在突破隔震结构高宽比时，需要设计人员进行更仔细的分析与设计，进行抗倾覆验算，以保证隔震结构达到预期的减震效果以及地震作用下隔震支座不发生破坏。

4.1.4 隔震结构场地和地基选择

地震造成建筑的破坏，除直接引起结构破坏外，还有场地条件的原因，例如：地基不均匀沉降，滑坡和粉土、砂土液化等。选择有利的建筑场地是减轻地震灾害的先决条件。根据隔震结构地震作用下的响应特点，地震动高频成分较容易被隔离，只有地震动中的低频成分才会较容易激励起隔震结构响应。由于软土场地会滤掉地震波中的高频成分，放大低频成分，使结构周期延长的隔震结构地震反应增强，因此相比于软土场地，硬土场地更适用于隔震建筑。隔震结构场地宜为 I_0、I_1、II、III 类场地，并选用稳定性较好的基础类型。当场地条件不好时，可利用桩基础或其他有效基础形式，对其场地地基基础进行改良。

4.1.5 非地震水平作用

由于隔震层较柔，因此在传统中、低层结构设计中可被忽略的风荷载和其他非地震作用也应该在隔震结构设计时加以考虑，以防止隔震层在非地震作用下产生过大残余变形，从而影响隔震装置的正常性能。风荷载和其他非地震作用的水平荷载标准值不宜超过结构总重力的10%，且在风荷载和其他非地震的水平荷载作用下，隔震装置不可出现残余变形。当风荷载较大时，可使用抗风装置。抗风装置可单独设置，也可作为隔震装置的一部分。

4.2 建筑隔震设计方法

4.2.1 建筑隔震设计一般方法

目前隔震结构设计主要有两种方法，分别为分部设计法和整体设计法（又称"直接设计法")。

分部设计法是由我国《抗规》提出，目标是与传统的抗震结构设计方法对接，便于广大的工程设计人员快速掌握隔震结构设计。分部设计法是指将隔震结构以隔震层为界划分为上部结构、隔震层、下部结构和基础等部分，对每一部分分别按照传统结构的设计方法进行设计。在各个部分的设计中，特别是上部结构设计，为了体现出隔震方案对上部结构设计的影响，《抗规》提出使用水平向减震系数进行上部结构设计。水平向减震系数是指弹性计算或时程计算分析时，隔震结构和非隔震结构各层层间剪力（弯矩）比值的最大值。使用水平向减震系数可以对上部结构设计所需的规范反应谱中地震影响系数最大值进行折减，然后使用折减后的地震影响系数最大值按传统的设计方法进行上部结构设计。采用这种设计方法既考虑了上部结构的地震作用减弱效果，又结合了传统设计方法，使国内广大工程设计人员能够较快速地掌握和运用隔震设计技术，因此分部设计法在国内得到了广泛应用。

隔震结构整体设计法是指在整个隔震设计过程中，代表隔震装置的隔震单元作为结构构件放入结构整体模型中进行分析，以此来指导设计的方法。该设计法主要在美国和日本等国家使用，国内有学者对整体设计法有较深入研究，但目前尚未在国内工程界广泛应用。使用整体设计法对隔震结构进行设计时，首先需要进行包含隔震单元非线性性能的计算分析，常用的分析方法有动力弹塑性分析法、静力弹塑性分析法、等效线性化法和基于位移设计法等方法。动力弹塑性分析法即为考虑隔震单元弹塑性的时程分析方法，该方法能较全面地反映出隔震结构在地震作用下的结构内力和变形大小及分布，也能反映出构件塑性发展顺序，辨别出结构薄弱部位、能量分布以及破坏类型等。因此动力弹塑性分析法也被视为最有效的分析方法，并且随着算法的逐渐成熟与计算机性能的增强，时程分析方法的分析效率也逐渐提高。但动力弹塑性分析法计算结果会随着输入地震波的频谱特性不同而呈现出较大的离散性，导致动力弹塑性分析法作为隔震结构设计方法的推广受到阻碍。考虑到动力弹塑性分析方法的可靠性，将其作为对结构设计的验算方法得到了较多应用。静力弹塑性分析法即Pushover分析法，将隔震结构等效为单自由度体系，通过求解能力谱和需求谱的交点获得结构的性能点，从而实现基于性能的设计，ATC40和FEMA356分别提出了能力谱法和目标位移法，其中能力谱法在国外工程的设计中得到了广泛的应用。等效线性化法是将隔震结构中的非线性构件采用线性构件替代并附加阻尼，通过迭代的方式求出等效刚度与等效阻尼比，然后通过等效阻尼比根据《抗规》得到用于设计的设防反应谱，即可完成隔震结构基于等效线性化方法的整体设计，目前此方法已在国内逐渐得到应用。基于位移设计法通过确定上部结构层间位移角和隔震层预期位移求出隔震结构目标位移，根据目标位移确定隔震层的等效刚度和等效阻尼比，进而采用设计反应谱对隔震结构进行整体设计。

随着隔震建筑结构应用的增多，隔震设计方法也随之得到较多的发展，最新编制的《建筑隔震设计标准》（征求意见稿）中已提出将等效线性化法作为隔震结构整体设计的方法。

4.2.2　建筑隔震设计一般流程

《抗规》中提出了采用分部设计法对隔震结构进行设计。在《建筑隔震设计标准》（征求意见稿）中提出基于等效线性化的整体设计法对隔震结构进行设计。在建筑隔震设计的相关研究中提出了基于位移设计的整体设计法。因此本节主要介绍采用上述方法进行隔震结构设计的一般流程。

1．分部设计法

采用分部设计法对隔震结构进行设计的流程图如图 4-1 所示，主要步骤如下：

1）第一步：根据工程需求、经济性等因素，确定上部结构降低一度或是降低半度进行隔震设计，并通过式（4-1）计算出初始的水平向减震系数：

$$\alpha_{\max 1} = \beta \alpha_{\max} / \varphi \tag{4-1}$$

式中　$\alpha_{\max 1}$——隔震后上部结构的水平地震影响系数最大值；

　　　$\alpha_{\max}$——非隔震结构的水平向地震影响系数最大值；

　　　β——水平向减震系数，在隔震和非隔震结构各层层间剪力比值最大值和各层弯矩比值最大值中，取二者的较大值；隔震后的上部结构在使用软件进行计算时，直接取 $\alpha_{\max 1}$ 进行结构计算分析；从宏观的角度，可以将隔震结构的水平地震作用大致归纳为比非隔震时降低半度、一度和一度半三个档次（表 4-1，对于一般橡胶支座）；而上部结构的抗震构造，只能按照降低一度分档，即以 $\beta = 0.4$ 分档；

　　　φ——调整系数，一般橡胶支座取 0.80，支座剪切性能偏差为 S-A 类时，取 0.85，隔震装置带有阻尼器时，相应减少 0.05。

2）第二步：采用初始的水平向减震系数 β 以及对应的隔震后水平地震影响系数最大值 $\alpha_{\max 1}$ 进行上部结构的截面设计。

3）第三步：布置隔震层，建立包含非线性隔震单元的整体结构弹塑性模型。

4）第四步：进行隔震结构抗风、隔震层偏心率和隔震层恢复力验算，各项指标应符合《抗规》中相关规定，若验算不通过则返回第三步进行调整。

5）第五步：对整体结构弹塑性模型进行设防地震时程分析，输入地震波应符合《抗规》中时程分析输入时程地震波的要求，根据隔震结构整体结构弹塑性模型设防地震时程分析结果与非隔震结构设防地震计算结果，通过各层层间剪力和各层弯矩比值最大值确定隔震结构实际的水平向减震系数 β_1，β_1 与 β 进行比较，若 β_1 小于 β 则进入下一步设计，若 β_1 大于 β，则应返回第一步或者第三步进行调整。

6）第六步：对隔震的整体结构弹塑性模型进行罕遇地震时程分析，对隔震单元进行罕遇地震作用下压应力、拉应力和变形验算，对于高宽比较大的结构还应进行抗倾覆验算，保证隔震结构在罕遇地震作用下不会发生倾覆破坏，隔震单元的各项验算指标应符合《抗规》中相关规定，若验算不通过则返回第一步或者第三步进行调整。

7）第七步：进行下部结构设计。

8）第八步：进行地基基础的设计，采用分部设计法进行隔震结构的设计完毕。

表 4-1　水平向减震系数与隔震后上部结构抗震措施所对应烈度的分档

本地区设防烈度	水平向减震系数		
（设计基本地震加速度）	$0.53 \geq \beta \geq 0.40$	$0.40 > \beta > 0.27$	$\beta \leq 0.27$
9（0.40g）	8（0.30g）	8（0.20g）	7（0.15g）
8（0.30g）	8（0.20g）	7（0.15g）	7（0.10g）
8（0.20g）	7（0.15g）	7（0.10g）	7（0.10g）
7（0.15g）	7（0.10g）	7（0.10g）	6（0.05g）
7（0.10g）	7（0.10g）	6（0.05g）	6（0.05g）

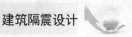

2. 基于等效线性化整体设计法

采用整体设计法中的等效线性化法对隔震结构进行设计的流程图如图 4-2 所示，主要步骤如下：

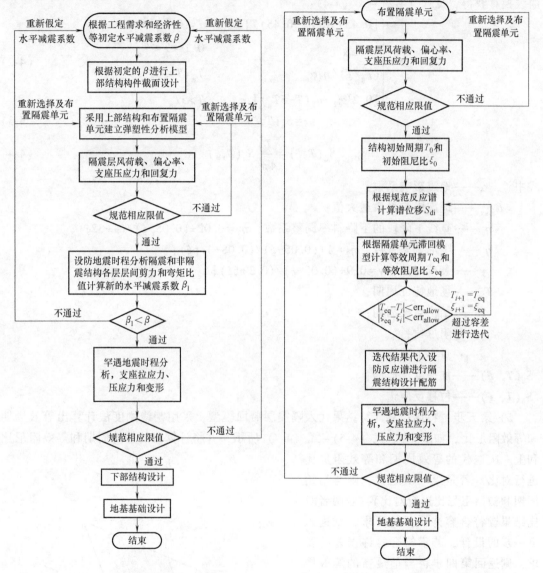

图 4-1　分部设计法流程图　　　图 4-2　整体设计法流程图（等效线性化法）

1）第一步：根据隔震层抗风、隔震层偏心率、隔震单元长期压应力和隔震层恢复力等需求，初定隔震层布置方案。

2）第二步：隔震层抗风、隔震层偏心率、隔震单元长期压应力和隔震层恢复力验算，各项指标应符合《抗规》中相关规定，若验算不通过则返回第一步进行调整。

3）第三步：为便于后续迭代计算，针对普通隔震结构，建议简化为单自由度（SDOF）体系进行计算。针对高层隔震结构，可根据实际情况，采用多自由度体系进行迭代计算，方法与 SDOF 体系类似。对于设防地震，建议以叠层橡胶支座 100% 等效剪切变形值对应的等效刚度和等效阻尼比，计算隔震结构的初始周期和初始阻尼比。

4）第四步：将初始周期和初始阻尼比或迭代时更新的等效周期和等效阻尼比代入设计位移谱 $S_d(T, \xi)$，计算出谱位移 S_{di}，设计位移谱 $S_d(T, \xi)$ 可通过《抗规》地震影响系数曲线换算获得，见式（4-2）~式（4-4）：

$$\alpha = \begin{cases} [0.45+10(\eta_2-0.45)T]\alpha_{max} & T \leqslant 0.1s \\ \eta_2\alpha_{max} & 0.1s < T \leqslant T_g \\ (T_g/T)^\gamma\eta_2\alpha_{max} & T_g < T \leqslant 5T_g \\ [0.2^\gamma\eta_2-\eta_1(T-5T_g)]\alpha_{max} & T > 5T_g \end{cases} \qquad (4\text{-}2)$$

$$\alpha = S_a(T, \xi)/g \qquad (4\text{-}3)$$

$$S_d(T, \xi) = \frac{T^2}{4\pi^2}S_a(T, \xi) \qquad (4\text{-}4)$$

式中　　α——地震影响系数；

α_{max}——地震影响系数最大值；

η_1——直线下降段的下降斜率调整系数，$\eta_1 = 0.02+(0.05-\xi)/(4+32\xi)$；

η_2——阻尼调整系数，$\eta_2 = 1+(0.05-\xi)/(0.08+1.6\xi)$；

γ——衰减指数，$\gamma = 0.9+(0.05-\xi)/(0.3+6\xi)$；

T_g——场地特征周期；

T——结构自振周期；

ξ——阻尼比；

g——重力加速度；

$S_a(T, \xi)$——加速度反应谱；

$S_d(T, \xi)$——位移反应谱。

5）第五步：将谱位移计算结果代入隔震层滞回模型，采用割线刚度法计算出等效周期和等效阻尼比，如图 4-3、式（4-5）~式（4-7）所示，并将计算出的等效周期和等效阻尼比和上一次迭代的等效周期和等效阻尼比进行对比（若是第一次迭代，则与初始周期和初始阻尼比进行对比），若两者对比结果皆符合容许误差的要求，则进入下一步的设计，若不符合容许误差的要求，则返回第四步将当前最新的等效周期和等效阻尼比代入设计位移谱计算出新的谱位移，反复循环第四步和第五步直至等效周期和等效阻尼比满足容许误差要求。

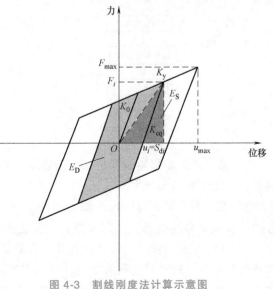

图 4-3　割线刚度法计算示意图

$$K_{eff} = \frac{F_i}{u_i} \qquad (4\text{-}5)$$

$$T_{eq} = T_0 \sqrt{\frac{K_0}{K_{eq}}} \qquad (4\text{-}6)$$

$$\xi_{eq} = \frac{E_D}{4\pi E_S} \tag{4-7}$$

式中　F_i——第 i 次迭代隔震单元的水平力；

$\quad\quad u_i$——第 i 次迭代隔震单元变形；

$\quad\quad K_0$——隔震单元初始刚度；

$\quad\quad K_{eq}$——隔震单元等效刚度；

$\quad\quad T_0$——结构初始周期；

$\quad\quad T_{eq}$——结构等效周期；

$\quad\quad E_D$——滞回耗能；

$\quad\quad E_S$——应变能；

$\quad\quad \xi_{eq}$——等效阻尼比。

6）第六步：将最后一次迭代获得的等效周期、等效阻尼比作为等效线性化法计算结果，计算出此时隔震单元对应的等效刚度，使用结构设计软件，采用设防地震的设计反应谱对隔震结构进行设计配筋。

7）第七步：根据第六步设计结果，建立隔震结构的整体弹塑性模型，并进行罕遇（或极罕遇）地震时程分析，对隔震单元进行罕遇地震作用下压应力、拉应力和变形验算，对于高宽比较大的结构还应进行抗倾覆验算，保证隔震结构在罕遇地震作用下不会发生倾覆破坏，隔震单元验算的各项指标应符合《抗规》中相关规定，若验算不通过则返回第一步进行调整。

8）第八步：进行地基基础的设计，采用整体设计法进行隔震结构的设计完毕。

3. 基于位移整体设计法

采用整体设计法中的基于位移设计法对隔震结构进行设计的流程图如图 4-4 所示，主要步骤如下：

1）第一步：上部结构层数和各层质量估算，凭经验和参考类似建筑物，初步确定上部结构各层质量 m_i，结合实际工程需求，确认隔震装置类型，给出隔震层预期位移反应 Δ_{iso}，并根据割线刚度法估计该位移下的隔震层阻尼比，结合《抗规》给出上部结构弹性层间位移角 θ_{up}，隔震结构力学简化模型如图 4-5 所示。

2）第二步：根据第一步中确定的参数由式（4-8）和式（4-9）计算目标位移，通过式（4-8）可计算上部结构各层层间位移 Δ_i，将上部结构层间位移 Δ_i 和隔震层预期位移 Δ_{iso} 分

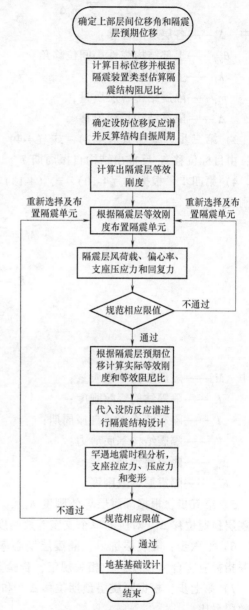

图 4-4　整体设计法流程图

（基于位移设计法）

别代入式（4-9）可求出隔震结构目标位移 Δ_t：

$$\Delta_i = \Delta_{i-1} + \theta_{up} h_i \qquad (4-8)$$

$$\Delta_t = \frac{\sum m_i \Delta_i^2}{\sum m_i \Delta_i} \qquad (4-9)$$

式中　Δ_i——各层层间位移；

　　　θ_{up}——上部结构弹性层间位移角；

　　　h_i——上部结构层高；

　　　m_i——隔震结构各层质量；

　　　Δ_t——隔震结构目标位移。

3）第三步：根据式（4-2）~式（4-4）确定位移反应谱，由目标位移 Δ_t 反推出结构自振周期 T_s。

4）第四步：根据式（4-10）~式（4-13）计算隔震层等效刚度 K_{iso}：

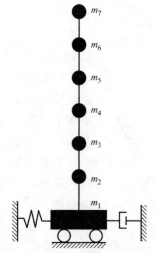

图 4-5　隔震结构力学简化模型

$$M_t = \frac{\sum (m_i \Delta_i)}{\Delta_t} \qquad (4-10)$$

$$K_t = \frac{4\pi^2 M_t}{T_s^2} \qquad (4-11)$$

$$V_b = K_t \Delta_t \qquad (4-12)$$

$$K_{iso} = \frac{V_b}{\Delta_{iso}} \qquad (4-13)$$

式中　M_t——隔震结构等效质量；

　　　K_t——隔震结构等效刚度；

　　　T_s——隔震结构等效自振周期；

　　　V_b——隔震结构基底剪力；

　　　Δ_{iso}——隔震层预期位移；

　　　K_{iso}——隔震层等效刚度。

5）第五步：根据隔震层等效刚度 K_{iso}，并考虑竖向承载力需求等选择隔震支座，根据隔震层预期位移 Δ_{iso} 对应的单个支座等效刚度，按并联原则确定隔震层支座数量。

6）第六步：隔震层抗风、隔震层偏心率、隔震单元长期压应力和隔震层恢复力验算，各项指标应符合《抗规》中相关规定，若验算不通过则返回第五步进行调整。

7）第七步：根据隔震层预期位移 Δ_{iso} 和实际选用的支座，确定隔震层实际等效刚度和等效阻尼比。

8）第八步：将隔震层的等效刚度和等效阻尼比代入隔震结构整体模型中，使用结构设计软件，采用设防地震的设计反应谱对隔震结构进行设计配筋。

9）第九步：根据第八步设计结果，建立隔震结构的整体弹塑性模型，并进行罕遇（或极罕遇）地震时程分析，对隔震单元进行罕遇地震作用下压应力、拉应力和变形验算，对于高宽比较大的结构还应进行抗倾覆验算，保证隔震结构在罕遇地震作用下不会发生倾覆破坏。隔震单元的各项验算指标应符合《抗规》中相关规定，若验算不通过则返回第五步进行调整。

10）第十步：进行地基基础的设计，采用整体设计法进行隔震结构的设计完毕。

4.3　隔震层布置

4.3.1　隔震层位置

隔震层宜设置在结构的底部或中下部，隔震支座底面宜布置在相同标高位置上。当隔震层的隔震装置处于不同标高处时，应保证隔震装置共同工作。在罕遇地震作用下，不同标高的相邻隔震层的层间剪切位移角不应大于 1/2000。对建筑功能而言，为有效利用隔震层，可将安装及维修隔震层所预留的空间做成地下室，隔震装置可放置在地下室的柱顶部位。对于一些特殊的建筑功能要求，建筑底部或地下室不可布置隔震层，例如建筑底部无法预留隔震层变形空间的建筑或大城市内针对地铁检修库开发而来的地铁上盖建筑，可采用层间隔震的方式，采用层间隔震的设计形式需要对隔震结构的倾覆问题和 $P\text{-}\Delta$ 效应进行分析研究。

4.3.2　隔震层平面布置

隔震层支座平面布置应综合考虑隔震支座的竖向承载能力、变形能力、刚度、耗能能力等力学性能，使隔震层在合理承受上部结构竖向荷载的同时，总水平刚度尽量低且具有适当的复位能力，从而保证减震效果。隔震支座应设置在受竖向力较大的位置，间距不宜过大，其规格、数量和分布应根据竖向承载力、侧向刚度和阻尼的要求计算确定，当铅芯橡胶支座和天然橡胶支座共同使用时，宜将铅芯橡胶支座布置在外围。同一隔震层中选用多种类型规格的隔震装置时，每种隔震装置的承载力和水平变形能力应能充分发挥，并保证隔震装置的竖向变形基本一致。隔震支座布置宜规则且对称，以保证隔震结构的质心和刚心尽可能重合，一般要求隔震结构偏心率不大于 3%。隔震装置平面布置宜与上部结构和下部结构中的竖向受力构件的平面位置保持一致，当位置无法保持一致时，应采用结构转换措施进行处理。当同一支承位置采用多个隔震支座时，隔震支座之间的净距不应小于安装和更换所需的空间尺寸。

隔震层在罕遇地震下应保持稳定，不宜出现不可恢复的变形，隔震支座不应在罕遇地震作用下出现受拉破坏。

4.4　隔震结构动力分析计算

4.4.1　计算模型

根据分析时对结果精细程度的要求不同，按照从简化到精细对隔震结构分析模型进行分类，分别为：单质点模型、多质点模型、扭转模型和空间模型。

1. 单质点模型

单质点模型是将隔震层上部结构视为刚体，隔震层的刚度和阻尼即为整体结构的刚度和阻尼。适用于高度较低，建筑体型规则，高宽比较小且隔震层位于结构底部的隔震建筑。可进行单向地震作用分析，在地震作用下，上部结构基本以刚体平动为主。

2．多质点模型

多质点模型将隔震层单独作为一层，将上部结构的各层分别视为质点。此模型可以求出隔震层响应和上部结构分布质点的地震反应。多质点模型根据对抗侧力构件简化的不同又可分为层剪切模型和层弯剪模型，层剪切模型和层弯剪模型均是将结构质量简化到各楼层处，其中层剪切模型是将抗侧力构件的等效剪切刚度作为层刚度，而层弯剪模型是将抗侧力构件的等效剪切刚度和等效抗弯刚度作为层刚度。层剪切模型适用于以剪切变形作为一阶模态的结构，例如砌体结构、多层框架结构等高宽比较小的隔震结构；层弯剪模型适用于一阶模态中除了包含剪切变形，还有明显的弯曲变形的结构，例如剪力墙、框架剪力墙和框筒等高层或高宽比较大的隔震结构。

3．扭转模型

扭转模型是将各楼层简化为具有 2 个方向平动自由度与 1 个方向扭转自由度的层模型，并采用刚性楼板假定，假设楼板在平面内刚度无限大。在地震作用下，可以分别求出隔震结构扭转模型 2 个平动自由度与 1 个扭转自由度的响应。扭转模型适用于各类结构体系的分析，并且能描述隔震层刚心和质心具有一定偏差时隔震结构的地震响应情况。

4．空间模型

空间模型是将结构所有构件独立考虑，计入梁、板和柱对刚度贡献，采用线单元和面单元进行模拟，并为各分析构件指定力-位移关系曲线，将结构质量简化到代表各构件的杆件端部节点或面节点处，每个节点至多可指定 6 个自由度进行分析，较为全面地反映隔震结构地震作用下的响应情况。空间模型可适用于各种类型的结构体系，且可对结构内部不规则的构件布置进行考虑，通常在隔震结构时程分析时均采用空间模型进行计算分析。

4.4.2　隔震层水平等效刚度和等效阻尼比确定

根据《抗规》规定，隔震支座等效刚度和等效黏滞阻尼比应根据试验确定，在设防地震分析时，应取叠层橡胶隔震支座剪切变形 100% 对应的等效刚度和等效阻尼比；在罕遇地震分析时，宜采用叠层橡胶支座剪切变形 250% 对应的等效刚度和等效阻尼比，但当叠层橡胶隔震支座的直径较大时可采用剪切变形 100% 对应的等效刚度和等效阻尼比。隔震层的等效刚度和等效阻尼比按照下列公式进行计算：

$$K_\mathrm{h} = \sum K_j \tag{4-14}$$

$$\xi_\mathrm{eq} = \sum K_j \xi_j / K_\mathrm{h} \tag{4-15}$$

式中　K_h——隔震层水平等效刚度；

ξ_eq——隔震层等效黏滞阻尼比；

ξ_j——第 j 隔震支座由试验确定的等效黏滞阻尼比，设置阻尼装置时，应包含相应的阻尼比；

K_j——第 j 隔震支座（含消能器）由试验确定的水平等效刚度。

当采用等效线性化方法计算隔震层等效刚度和等效阻尼比时，应采用如图 4-3、式 （4-5）～式 （4-7） 所示进行计算，通过迭代确定最终的谱位移 S_d，然后根据每个隔震支座单元的滞回模型确定在支座位移为 S_d 时，每个隔震支座的等效刚度和等效阻尼比，最后结合式 （4-14）、式 （4-15） 计算出隔震层的水平等效刚度和等效黏滞阻尼比。

4.4.3　地震波选取

采用时程分析法进行分析时，由于地震动输入不同导致分析结果的离散性较大，因此合理地选择地震波对隔震结构时程分析计算尤为重要，通过合理选择地震波，才可保证时程计算得到合理的结果，达到通过小样本容量的计算结果来估计地震作用效应的目的，保障隔震结构设计与验算的合理性。

进行时程分析时，应根据地震烈度、场地类别、设计地震分组进行选择，所选的地震波的反应谱应与场地设计反应谱相接近，即在隔震建筑主要周期点处，所选地震波的反应谱值宜与设计反应谱幅值相差不大，通常在±20%范围内；进行人工波合成时，人工波对应的反应谱与设计反应谱在隔震结构各周期点处的偏差平均值不应大于5%，其中最大偏差不应大于10%。

4.4.4　计算结果分析

弹性时程分析时，每条地震波计算所得结构底部剪力不应小于振型分解反应谱法计算结果的65%，多条地震波计算所得结构底部剪力的平均值不应小于振型分解反应谱法计算结果的80%。进行时程分析时，当取3组地震波作为输入，计算结果宜取时程分析的包络值和振型分解反应谱法的较大值；当取7组地震波作为输入，计算结果宜取时程分析的平均值和振型分解反应谱法的较大值。

对于隔震结构而言，当采用分部设计法时，需要对隔震结构进行设防地震时程分析和罕遇地震时程分析。设防地震时程分析需要根据分析结果，按照各层层剪力和弯矩计算出水平向减震系数，同前所述，当输入地震波组数为3组时，应以各地震波所计算出的水平向减震系数的包络值作为地震时程分析的最终结果；当输入地震波组数为7组时，应以各地震波所计算出的水平向减震系数的平均值作为地震时程分析的最终结果。采用分部设计法和整体设计法均需要进行罕遇地震时程分析，以验算罕遇地震作用下隔震装置稳定性，通常罕遇地震作用下，需要进行隔震单元压应力、拉应力、变形和抗倾覆等指标的验算，同样地根据罕遇地震时程分析输入地震波的组数不同，应分别取包络值或平均值作为罕遇地震时程分析的最终结果。

4.5　隔震层验算

4.5.1　隔震层受压承载力验算

橡胶隔震支座在重力荷载代表值作用下的竖向压应力设计值不应超过表4-2所示，弹性滑板隔震支座在重力荷载代表值作用下的竖向压应力设计值不应超过表4-3所示。在重力荷载代表值作用下，橡胶隔震支座和弹性滑板隔震支座按照建筑抗震设防类别的不同分别设定不同的竖向压应力限值。重力荷载代表值取为"1.0倍恒载+0.5倍活载"。橡胶隔震支座的第二形状系数 S_2 小于5时，其竖向承载力将降低，此时其压应力限值应随之进行调整，调整后的数值应参照具体的橡胶隔震支座的产品手册。弹性滑板隔震支座采用的材料和构造均与橡胶隔震支座不同，一般情况下弹性滑板支座不存在水平向大变形导致支座失稳的问题，因此其压应力限值比橡胶隔震支座有所提高。

表 4-2　橡胶隔震支座在重力荷载代表值作用下的竖向压应力限值

建筑类别	甲类建筑	乙类建筑	丙类建筑
压应力限值/MPa	10	12	15

表 4-3　弹性滑板隔震支座在重力荷载代表值作用下的竖向压应力限值

建筑类别	甲类建筑	乙类建筑	丙类建筑
压应力限值/MPa	12	15	20

4.5.2　隔震层偏心率

当上部结构的质心和刚心不重合时，需要保证偏心率小于 3%，偏心率的计算如式（4-16）~式（4-21）所示，验算荷载组合取为"1.0 恒载+0.5 活载"。

$$X_g = \frac{\sum N_{e,i} \cdot X_i}{\sum N_{e,i}} \quad Y_g = \frac{\sum N_{e,i} \cdot Y_i}{\sum N_{e,i}} \tag{4-16}$$

$$X_k = \frac{\sum K_{ey,i} \cdot X_i}{\sum K_{ey,i}} \quad Y_k = \frac{\sum K_{ex,i} \cdot Y_i}{\sum K_{ex,i}} \tag{4-17}$$

$$e_x = |Y_g - Y_k| \quad e_y = |X_g - X_k| \tag{4-18}$$

$$K_t = \sum |K_{ex,i}(Y_i - Y_k)^2 + K_{ey,i}(X_i - X_k)^2| \tag{4-19}$$

$$R_x = \sqrt{\frac{K_t}{\sum K_{ex,i}}} \quad R_y = \sqrt{\frac{K_t}{\sum K_{ey,i}}} \tag{4-20}$$

$$\rho_x = \frac{e_y}{R_x} \quad \rho_y = \frac{e_x}{R_y} \tag{4-21}$$

式中　X_g——重心的 X 坐标；

Y_g——重心的 Y 坐标；

X_k——刚心 X 坐标；

Y_k——刚心 Y 坐标；

e_x——X 向偏心距；

e_y——Y 向偏心距；

K_t——隔震层扭转刚度；

R_x——X 向弹力半径；

R_y——Y 向弹力半径；

ρ_x——X 向偏心率；

ρ_y——Y 向偏心率；

$N_{e,i}$——第 i 个支座承受的轴向力；

$K_{ex,i}$——第 i 个支座 X 向刚度；

$K_{ey,i}$——第 i 个支座 Y 向刚度；

X_i——第 i 个支座 X 向坐标；

Y_i——第 i 个支座 Y 向坐标。

4.5.3 抗风装置验算和隔震装置弹性恢复力验算

对于传统结构而言由于其抗侧刚度较大，风荷载作用下的传统结构的水平向响应较小，不需要重点关注，但对于隔震结构，由于隔震层刚度较小，隔震结构自振周期较大，导致风致振动也会更加明显。在隔震层支座选择时，需要使隔震支座和阻尼器的屈服力高于风荷载设计值，通过阻尼器和隔震支座的初始刚度保证风振动时需要的隔震层水平刚度。随着隔震结构高宽比与迎风面积的增加，为避免风振动使隔震支座屈服，可以在隔震层内增加抗风装置，抗风装置可以是隔震支座的一部分也可以是单独的构件。抗风装置水平承载力按式（4-22）进行验算。采用隔震技术的结构，风荷载产生的总水平力不宜超过结构总重力的10%。通常情况下隔震支座提供抗风抵抗力，因此对抗风装置的验算实际上是验算隔震层的总初始刚度是否能够抵抗风荷载的作用，即：

$$\gamma_w V_{wk} \leqslant V_{Rw} \tag{4-22}$$

式中　V_{Rw}——抗风装置的水平承载力设计值；

　　　V_{wk}——风荷载作用下隔震层的水平剪力标准值；

　　　γ_w——风荷载分项系数。

除了对隔震层的风荷载进行验算外，还需要对隔震层的弹性恢复力进行验算，橡胶隔震支座弹性恢复力的验算按式（4-23）进行，隔震层的水平恢复力应大于隔震支座水平屈服荷载，以保证隔震支座屈服后仍有足够的恢复力以避免显著的残余变形。

$$K_{100}t_r \leqslant 1.4 V_{Rw} \tag{4-23}$$

式中　K_{100}——隔震支座在水平剪切应变100%时的水平等效刚度；

　　　t_r——隔震支座橡胶层总厚度。

4.5.4 罕遇地震下水平向位移验算

罕遇地震作用下隔震支座的水平位移，按式（4-24）～式（4-25）进行验算，通常验算采用的荷载工况组合取为"1.0×恒载+0.5×活载+1.0×地震作用"。

$$u_{hi} \leqslant [u_{hi}] \tag{4-24}$$

$$u_{hi} = \eta_i u_h \tag{4-25}$$

式中　u_{hi}——罕遇地震作用下，第 i 个隔震支座考虑扭转的水平位移；

　　　$[u_{hi}]$——第 i 隔震支座的水平位移限值，对橡胶隔震支座，不应超过该支座有效直径的0.55倍和支座内部橡胶总厚度3.0倍二者的较小值，对弹性滑板隔震支座，水平位移限值为上、下滑动面的短边平面长度；

　　　u_h——罕遇地震下隔震层质心处或不考虑扭转的水平位移；

　　　η_i——第 i 个隔震支座的扭转影响系数，应取考虑扭转和不考虑扭转时 i 支座计算位移的比值，当隔震层以上结构的质心与隔震层刚度中心在两个主轴方向均无偏心时，边支座的扭转影响系数不应小于1.15。

4.5.5 罕遇地震下支座拉压应力验算

罕遇地震作用下隔震层的橡胶支座的最大竖向压应力不应超过表4-4所示限值，弹性滑板隔震支座在罕遇地震作用下竖向最大压应力不应超过表4-5限值。橡胶支座在罕遇地震作用下不宜出现竖向拉应力，因为隔震支座受拉时，隔震支座内部橡胶易出现损伤，导致橡胶支座弹性性能降低；同时意味着上部结构存在着倾覆的危险，因此当隔震支座不可避免受拉时，其竖向拉应力不应超过表4-6限值。一般地，橡胶支座轴向应力在单向地震输入时，荷载组合取为"1.2×（1.0×恒载+0.5×活载）+1.3×水平地震+0.5×竖向地震"；按照三向地震（幅值系数为1.0∶0.85∶0.65）时，荷载组合取为"1.0×恒载+0.5×活载+1.0×三向地震作用"。由于弹性滑板隔震支座没有竖向受拉能力，因此弹性滑板隔震支座必须保持受压状态，防止接触面提离。

表4-4　橡胶隔震支座在罕遇地震作用下的竖向压应力限值

建筑类别	甲类建筑	乙类建筑	丙类建筑
压应力限值/MPa	20	25	30

表4-5　弹性滑板隔震支座在罕遇地震作用下的竖向压应力限值

建筑类别	甲类建筑	乙类建筑	丙类建筑
压应力限值/MPa	25	30	40

表4-6　橡胶隔震支座在罕遇地震作用下的竖向拉应力限值

建筑类别	甲类建筑	乙类建筑	丙类建筑
拉应力限值/MPa	0	1	1

4.5.6　隔震房屋抗倾覆验算

罕遇地震作用下高宽比较大的隔震结构需要进行上部结构抗倾覆验算，上部结构的抗倾覆验算需要计算抗倾覆力矩和倾覆力矩，抗倾覆力矩按照上部结构重力荷载代表值计算。倾覆力矩计算应考虑水平罕遇地震作用和风荷载的组合。抗倾覆力矩比倾覆力矩的安全系数应大于1.2。

4.6　上部结构验算

4.6.1　地震作用取值

隔震结构的水平地震作用大小可用水平地震影响系数来表示。对于采用分部设计法的隔震结构，隔震后水平地震影响系数最大值可采用非隔震的水平地震影响系数最大值和水平向减震系数乘积来表示如式（4-1）所示，根据隔震后的水平地震影响系数最大值确定多遇地震设计反应谱，然后即可根据设计反应谱求出表示隔震后上部结构水平地震作用大小的水平地震影响系数。对于采用整体设计法的隔震结构，应根据3.4节中等效线性化法计算出隔震结构的等效周期和等效阻尼比，以等效阻尼比确定隔震结构设防地震作用下的设计反应谱，然后即可根据隔震结构的基本周期确定设防地震作用下隔震结构的水平地震影响系数。当水平地震影响系数确定后，即可根据底部剪力法或振型分解反应谱法计算出隔震后上部结构的地震作用标准值。

当采用时程分析法时，建立空间模型，应考虑结构杆件的空间分布、隔震支座的布置位置等。上部结构可采用线弹性力学模型，隔震层应采用隔震支座试验提供的滞回模型，按照非线性阻尼特性和非线性力-位移关系建立非线性力学模型进行分析。当输入地震波组数为三组时，应以三组地震波作用下隔震结构计算结果的包络值作为地震作用标准值；当输入地震波组数为七组时，应以七组地震波作用下隔震结构计算结果的平均值作为地震作用标准值。当振型分解反应谱法和时程分析法同时采用时，地震作用应取振型分解反应谱法和时程分析法的包络值。隔震结构的楼层最小剪力系数值要求符合表4-7的规定。对于基本周期介于3.5s和5.0s之间的结构，允许采用线性插值取值。7、8度时括号内的数值分别用于设计基本地震加速度为0.15g和0.30g的地区。

表4-7　隔震结构的楼层最小剪力系数值

类别	6度	7度	8度	9度
扭转效应明显或基本周期小于3.5s结构	0.008	0.016(0.024)	0.032(0.048)	0.064
基本周期大于5.0s结构	0.006	0.012(0.018)	0.024(0.036)	0.048

4.6.2　上部结构截面抗震验算

隔震建筑结构构件的承载力，在长期或短期设计状态时应按式（4-26）进行验算，在地震设计状态时应按式（4-27）进行验算：

$$\gamma_0 S \leqslant R \tag{4-26}$$

$$S \leqslant R/\gamma_{RE} \tag{4-27}$$

式中　γ_0——结构重要性系数；

S——作用组合效应设计值，采用隔震后的水平地震效应组合，应符合现行规范要求；

R——构件承载力设计值；

γ_{RE}——构件承载力抗震调整系数。

上部结构为框架、框架-抗震墙和抗震墙结构时，隔震层的纵、横梁和楼板体系应作为上部结构的一部分进行计算。上部结构为砌体结构时，隔震层顶部各纵、横梁可按受均布荷载的单跨简支或多跨连续托墙梁计算；当连续梁计算的正弯矩小于按单跨简支梁计算的跨中弯矩的0.8倍时，应按0.8倍单跨简支梁跨中弯矩取值。当计算出现负弯矩时，应进行双向配筋。对托墙梁顶砌体应进行局部承压验算，并在构造上采取适当加强措施。

4.6.3　上部结构变形验算

隔震层上部结构的抗震变形验算在采用分部设计法时，应对框架、抗震墙和框架-抗震墙结构进行多遇地震和罕遇地震作用下的层间位移验算，层间位移角限值见表4-8和表4-9。

隔震层上部结构的抗震变形验算在采用整体设计法时，应对上部结构进行设防地震作用下结构弹性层间位移角验算，以及罕遇地震作用下结构弹塑性层间位移角验算。层间位移角限值见表4-10和表4-11。

表 4-8　弹性层间位移角限值

结 构 类 型	层间位移角限值
单层钢筋混凝土柱排架	1/300
钢筋混凝土框架	1/550
钢筋混凝土框架-抗震墙、框架-核心筒、板-柱-抗震墙	1/800
以下结构的嵌固端上一层:钢筋混凝土框架-抗震墙、框架-核心筒、板-柱-抗震墙	1/2000
钢筋混凝土抗震墙、筒中筒、钢筋混凝土框支层	1/1000
以下结构的嵌固端上一层:钢筋混凝土抗震墙、筒中筒、钢筋混凝土框支层	1/2500
多、高层钢结构	1/250

表 4-9　弹塑性层间位移角限值

结 构 类 型	层间位移角限值	结 构 类 型	层间位移角限值
单层钢筋混凝土柱排架	1/30	钢筋混凝土框架-抗震墙、板-柱-抗震墙、框架-核心筒	1/100
钢筋混凝土框架	1/50	钢筋混凝土抗震墙、筒中筒	1/120
底部框架砌体房屋中的框架-抗震墙	1/100	多、高层钢结构	1/50

表 4-10　弹性层间位移角限值

结 构 类 型	抗震设防类别		
	甲类	乙类	丙类
钢筋混凝土框架结构	1/550	1/450	1/400
钢筋混凝土框架-抗震墙、板柱-抗震墙、框架-核心筒	1/800	1/600	1/550
钢筋混凝土抗震墙结构	1/1000	1/800	1/750
钢结构	1/300	1/250	1/200

表 4-11　弹塑性层间位移角限值

结 构 类 型	罕遇地震	结 构 类 型	罕遇地震
钢筋混凝土框架结构	1/150	钢筋混凝土抗震墙结构	1/300
钢筋混凝土框架-抗震墙、板柱-抗震墙、框架-核心筒	1/250	钢结构	1/120

4.7　下部结构和地基基础设计

4.7.1　下部结构设计

　　下部结构通常指隔震层以下的地下室,地下室位于隔震层下方,除了承担上部结构传来的各项荷载外,还有竖向荷载引起的 $P\text{-}\Delta$ 效应,因此下部结构承载力的验算应考虑上部结构传来的轴力、弯矩、水平剪力以及由隔震层水平变形产生的附加弯矩。隔震层支墩、支柱以及相连构件,应采用隔震结构罕遇地震下隔震支座底部的竖向力、水平力和力矩进行承载力验算。

下部结构除了应验算承载力外，还应进行层间位移角验算。当采用分部设计法进行隔震结构设计时，下部结构应进行罕遇地震作用下弹塑性层间位移角验算，层间位移角限值见表 4-12。

表 4-12　弹塑性层间位移角限值

下部结构类型	罕遇地震	下部结构类型	罕遇地震
钢筋混凝土框架结构和钢结构	1/100	钢筋混凝土抗震墙	1/250
钢筋混凝土框架-抗震墙	1/200		

　　当采用整体设计法对隔震结构进行设计时，下部结构应进行设防地震和罕遇地震层间位移验算，层间位移角限值见表 4-13 和表 4-14。

表 4-13　弹塑性层间位移角限值

下部结构类型	设防地震
钢筋混凝土框架结构	1/550
底部框架砌体房屋中的框架-抗震墙、钢筋混凝土框架-抗震墙、板柱-抗震墙、框架-核心筒	1/800
钢筋混凝土抗震墙结构	1/1000
钢结构	1/250

表 4-14　弹塑性层间位移角限值

下部结构类型	罕遇地震
钢筋混凝土框架结构	1/250
底部框架砌体房屋中的框架-抗震墙、钢筋混凝土框架-抗震墙、板柱-抗震墙、框架-核心筒	1/300
钢筋混凝土抗震墙结构	1/400
钢结构	1/150

4.7.2　隔震建筑地基基础验算和抗液化措施

　　隔震建筑地基基础的抗震验算和地基处理仍应按本地区抗震设防烈度进行，甲、乙类建筑的抗液化措施应按提高一个液化等级确定，直至全部消除液化沉陷。由于地基液化对隔震结构的破坏较大，因此隔震结构对抗液化措施提出了较高的要求。

【思　考　题】

1. 分部设计法的主要计算流程有哪些？
2. 基于等效线性化整体设计法与基于位移整体设计法的区别有哪些？
3. 说出隔震支座布置的基本原则。
4. 隔震分析时，时程波选取应注意哪些要点？
5. 说明隔震验算中所验算的各种指标的作用。
6. 采用计算机程序实现等效线性化法的计算。

第5章　建筑隔震构造

【学习目标】
1. 了解隔震建筑的空间构成及一般要求。
2. 熟悉隔震支座的布置、连接以及节点的构造要求。
3. 学习了解穿越隔震层的设备管道、电梯井等构造。

隔震建筑与传统抗震建筑构造设计有所不同，隔震建筑构造特殊性主要体现在隔震支座布置和节点、支座连接、支座节点、穿越隔震层设备管道以及踏步及电梯井构造等。在进行隔震建筑构造设计时，结构专业需与建筑、设备专业进行充分沟通，以保证在地震动作用情况下，构造措施不得阻碍隔震层水平向相对运动。

5.1　隔震建筑的空间构成及一般要求

隔震结构应采取不阻碍隔震层在罕遇地震下发生大变形的下列措施：

1) 上部结构的周边应设置竖向隔离缝，缝宽不宜小于各隔震支座在罕遇地震下最大水平位移值的 1.2 倍且不小于 200mm。对两相邻隔震结构，其缝宽取最大水平位移值之和，且不小于 400mm。

2) 上部结构与下部结构之间，应设置完全贯通的水平隔离缝，缝高不应小于 20mm，并用柔性材料填充，当设置水平隔离缝确有困难时，应设置可靠的水平滑移垫层。

3) 穿越隔震层的门廊、楼梯、电梯、车道等部位时，应防止可能的碰撞。

5.1.1　上部结构

隔震层以上结构的抗震措施，当水平向减震系数大于 0.40 时（设置阻尼器时为 0.38），不应降低非隔震时的有关要求；水平向减震系数不大于 0.40 时（设置阻尼器时为 0.38），可适当降低《抗规》中对非隔震建筑的要求，但烈度降低不得超过 1 度，与抵抗竖向地震作用有关的抗震构造措施（对钢筋混凝土结构，指墙、柱的轴压比规定；对砌体结构，指外墙尽端墙体的最小尺寸和圈梁的有关规定）不应降低。

5.1.2　隔震层

隔震层顶部应设置梁式楼盖，且应符合下列要求：

1）隔震支座的相关部位应采用现浇混凝土梁板结构，现浇板厚度不应小于160mm。

2）隔震层顶部梁、板的刚度和承载力，宜大于一般楼盖梁板的刚度和承载力。

3）隔震支座附近的梁、柱应计算冲切和局部承压，加密箍筋并根据需要配置网状钢筋。

隔震支座和阻尼装置的连接构造，应符合下列要求：

1）隔震支座和阻尼装置应安装在便于维护人员接近的部位。

2）隔震支座与上部结构、下部结构之间的连接件，应能传递罕遇地震下支座的最大水平剪力和弯矩。

3）外露的预埋件应有可靠的防锈措施。预埋件的锚固钢筋应与钢板牢固连接，锚固钢筋的锚固长度宜大于20倍锚固钢筋直径，且不应小于250mm。

5.1.3　下部结构

隔震层以下的结构和基础应符合下列要求：

1）隔震层支墩、支柱及相连构件，应采用隔震结构罕遇地震下隔震支座底部的竖向力、水平力和力矩进行承载力验算。

2）隔震层以下的结构（包括地下室和隔震塔楼下的底盘）直接支承隔震层以上结构的相关构件，应满足嵌固的刚度比和隔震后设防地震的抗震承载力要求，并按罕遇地震进行抗剪承载力验算。隔震层以下地面以上的结构在罕遇地震下的层间位移角限值应满足表5-1要求。

3）隔震建筑地基基础的抗震验算和地基处理仍应按本地区抗震设防烈度进行，甲、乙类建筑的抗液化措施应按提高一个液化等级确定，直至消除液化沉陷。

表5-1　隔震层以下地面以上结构在罕遇地震下的层间弹塑性位移角 θ_p 限值

下部结构类型	$[\theta_p]$	下部结构类型	$[\theta_p]$
钢筋混凝土框架结构和钢结构	1/100	钢筋混凝土抗震墙	1/250
钢筋混凝土框架-抗震墙	1/200		

5.2　隔震支座的布置及节点构造

5.2.1　隔震支座的布置

隔震层宜设置在结构的底部或下部，其中橡胶隔震支座应设置在受力较大的位置，一般设置在建筑结构底部梁板的梁底。隔震支座的间距不宜过大，规格、数量和分布应根据竖向承载力、侧向刚度、阻尼以及在设防烈度地震作用下隔震层偏心率不大于3%的要求通过计算确定。

当门洞入口处标高低于一层室内地面时，可把门洞口两个支座的标高降低，如图5-1所示。一栋建筑可能采用不同型号、不同厚度的隔震支座，设计时可采用支座顶面标高相同而底面标高不同的方式进行调整，如图5-2所示。对于建筑结构局部区域隔震支座不在同一标高的建筑，在错开的位置宜采取加大节点截面、增设剪力墙或梁端加腋等加强措施，隔震支座可设在同一标高，也可设在不同标高，如图5-3所示。

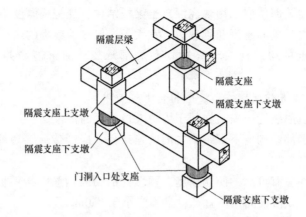

图 5-1　门洞入口处隔震支座布置

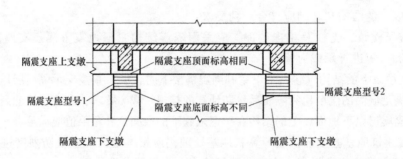

图 5-2　不同型号隔震支座布置

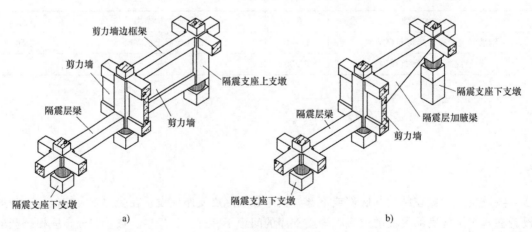

图 5-3　不同标高隔震支座布置

a) 增设剪力墙　b) 梁端加腋

　　结构的纵横基础梁由工程设计确定，无地下室的基础梁上表面与隔震层的梁底面之间应留有不小于 500mm 的空间，具体的隔震支座平面布置如图 5-4 所示。对于隔震支座以下的结构体系，按《抗规》第 12.2.9 条另行设计，必须形成一个稳定的结构支撑体系。如果没有地下室，可按照图 5-5 设计；如果有地下室，可按照图 5-6 设计。

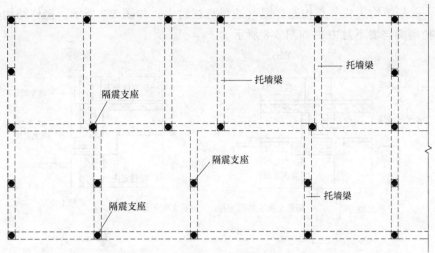

图 5-4　隔震支座平面布置示意图

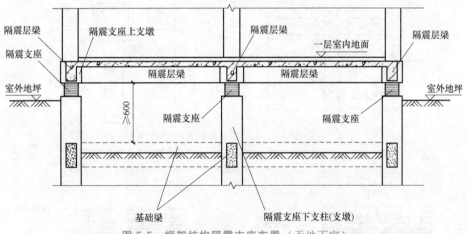

图 5-5　框架结构隔震支座布置（无地下室）

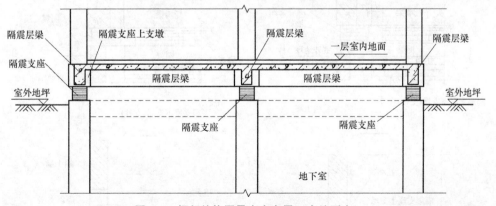

图 5-6　框架结构隔震支座布置（有地下室）

5.2.2　混凝土结构的节点构造

《建筑结构隔震构造详图》（03SG610-1）提供了框架结构中柱、边柱和角柱节点与砌体结构中间、边缘和角部节点的构造详图，并且还区分了边梁与柱、托墙梁与墙是否对中的情

建筑结构隔震

况。其中，框架结构边柱节点构造详图（边梁与柱对中）如图 5-7 所示，砌体结构角节点构造详图（托墙梁与墙不对中）如图 5-8 所示。

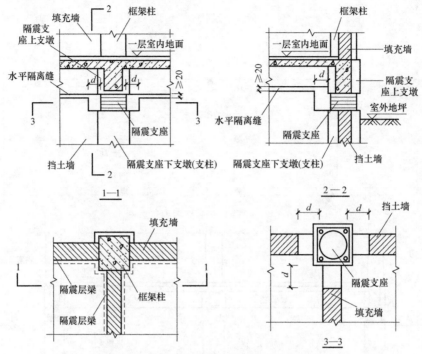

图 5-7　边梁与柱对中的框架结构边柱节点

注：d 表示隔震支座在罕遇地震下的最大水平位移值的 1.2 倍，下同。

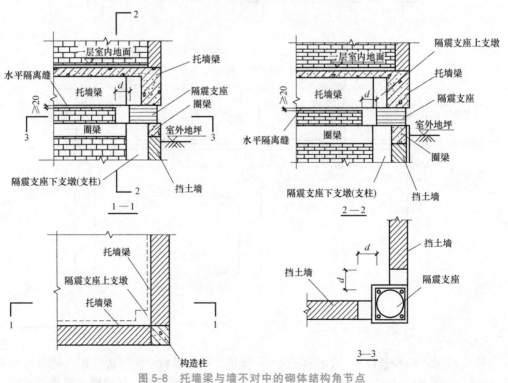

图 5-8　托墙梁与墙不对中的砌体结构角节点

5.3 隔震支座的连接

图5-9给出了一种隔震支座连接形式，其不同规格的尺寸参数见表5-2。设计人员可根据工程实际情况对各部件的设计参数进行调整。该连接形式截面设计时考虑的荷载为：水平方向承受支座发生350%剪切变形时的最大水平剪力，竖向平均拉应力达到1.5MPa。

关于螺栓的加工要求，M3螺栓采用HRB335钢筋或等强度的普通Q235钢杆在工厂加工为直杆，采用普通粗牙螺纹，加工精度应满足国家有关标准规范要求。在安装过程中再根据设计要求进行弯钩加工。M3螺栓长度要求为其螺杆20倍直径且不应小于（250mm+连接板厚度+螺纹长度+3倍螺母厚度），螺母可采用标准螺母。

M1、M2连接板均由Q235钢加工，应均匀平整，切边整齐，无毛刺，镀锌均匀；螺栓孔需定位精确。连接板的螺栓孔及扩孔直径比螺栓直径增大2mm，以保证安装误差要求。

隔震支座的钢板均应除去氧化层和锈蚀物，周边光滑均匀，无缘口毛刺、无明显坑洼、无凹凸缺陷且无严重锈蚀，锈蚀厚度不大于公差要求。此外，所有钢板均应满足《碳素结构钢和低合金结构钢热轧钢板和钢带》（GB/T 3274—2017）的质量要求。

《建筑结构隔震构造详图》（03SG610-1）还提供了另一种隔震支座连接形式，如图5-10所示。其不同规格的尺寸参数见表5-3。这种连接形式使用了更多的螺栓，因此提出了更多的螺栓加工要求：

1）M1采用HRB335级钢筋或等强度的普通Q235钢杆在工厂加工为直杆，安装过程中由施工单位根据设计要求进行弯钩加工。M1的螺纹长度取1倍的螺杆直径，长度为20倍螺杆直径且不小于250mm。

2）宜采用普通Q235钢进行加工，当采用其他钢材进行加工时，应按照不低于M1强度的1.2倍进行验算。M2的长度为M1和M3的螺纹长度之和加上一定的余量。

3）M3、M4采用不低于5.8级的螺栓。M3的螺杆长度为连接板厚度、螺纹长度与3倍螺母厚度之和，螺纹长度为1倍螺杆直径，其螺母可采用标准螺母；M4的螺栓形式采用一字形圆螺母，一字形宽度3mm，深度3.5mm，槽底应形成直角。M4的总长度为连接板厚度与支座端钢板厚度之和，其螺母厚度和总长度须严格控制。

4）M2、M3、M4及连接钢板均应采用镀锌防锈处理；M1~M4均采用普通粗牙螺纹，加工精度应满足国家有关标准规范要求，图中螺栓未标注尺寸可采用标准型号尺寸。隔震支座的钢板质量要求与第一种连接形式中的要求一致。

表5-2 隔震支座连接参数（一）

GZP（Y）（型号）	300	400	500	600
支座直径/mm	300	400	500	600
连接钢板边长 L_1/mm	500	600	700	800
螺栓孔间距 L_2/mm	360	460	560	660
螺栓长度 L_3/mm	≥400	≥460	≥500	≥550
螺纹长度 L_4/mm	30	40	50	60
连接钢板中孔直径 D/mm	310	410	510	615
螺栓孔径 d_1/mm	20	22	24	27
螺栓直径 d_2/mm	18	20	22	25
连接钢板厚度 t/mm	10	12	14	16

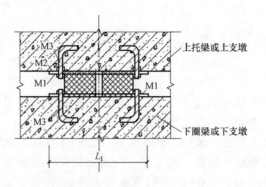

隔震支座连接示意图(一)

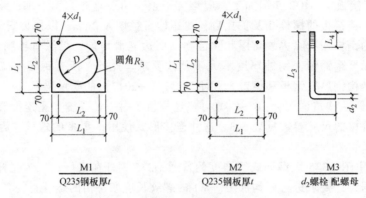

图 5-9　隔震支座连接构造（一）

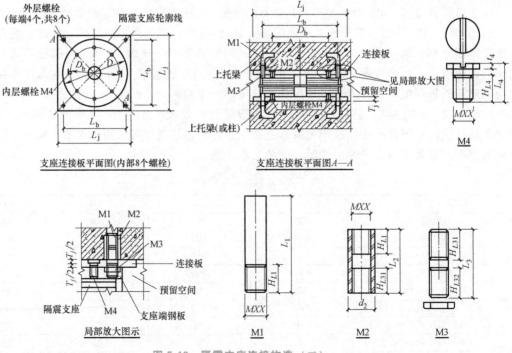

图 5-10　隔震支座连接构造（二）

表 5-3　隔震支座连接参数 （二）

GZP（Y）（型号）		300	350	400	450	500	600
支座直径 D/mm		320	370	420	480	520	620
连接板宽度 L_{j}/mm		340	390	440	500	540	640
内层螺栓间距 D_{b}/mm		210	250	290	340	375	450
外层螺栓间距 L_{b}/mm		270	310	350	400	430	520
连接板厚度 T_{j}/mm		12	12	12	12	12	12
M1	螺栓型号	M16	M18	M20	M22	M24	M27
	个数	8	8	8	8	8	8
	螺纹长度 H_{L1}/mm	16	18	20	22	24	27
	螺栓长度 L_1/mm	≥304	≥342	≥380	≥418	≥456	≥512
M2	螺栓型号	M16	M18	M20	M22	M24	M27
	个数	8	8	8	8	8	8
	外直径 d_2/mm	25	28	31	34.5	37.5	43.5
	螺栓长度 L_2/mm	34	38	42	46	50	56
M3	螺栓型号	M16	M18	M20	M22	M24	M27
	个数	8	8	8	8	8	8
	螺母厚度/mm	10	11.5	12.5	14	15	17
	螺纹长度 H_{L31}/mm	20.5	22.5	24.5	26.5	28.5	32.5
	螺纹长度 H_{L32}/mm	34.5	39	42	46.5	49.5	55.5
	螺栓长度 L_3/mm	58	64.5	69.5	76	81	91
M4	螺栓型号	M12	M12	M16	M16	M18	M20
	个数	16	16	16	16	16	16
	螺母厚度 t_4/mm	5.8	5.8	5.8	5.8	5.8	5.8
	螺纹长度 H_{L4}/mm	30	30	32	34	34	34
	螺栓长度 L_4/mm	30	30	32	34	34	34

5.4　隔震支座节点的其他构造

隔震支座节点的其他构造

5.4.1　组合隔震支座节点

组合支座的中心应与垂直荷载作用点重合，各个支座之间的净距应满足安装和更换时所需的空间尺寸。例如，对于图 5-11 所示的组合隔震支座节点，两支座的构造如图 5-12 所示，三支座的构造如图 5-13 所示。

5.4.2　隔震节点密封处理

隔震节点的密封处理通常采用柔性材料或脆性材料，如图 5-14 所示。柔性材料包括沥青麻丝、橡胶条等，脆性材料包括玻璃、镀锌薄钢板、PVC 等。脆性材料与结构的连接强度很低，只能用于隔震节点密封的覆盖材料，不能用作填充材料，否则会阻碍隔震层的位移。此外，水平隔离缝也需要进行密封处理，如图 5-15 所示。

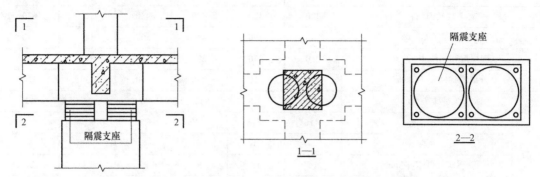

图 5-11　组合隔震支座节点　　　　　　图 5-12　两支座组合隔震支座节点构造

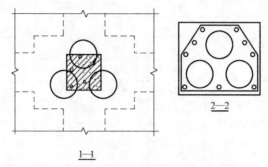

图 5-13　三支座组合隔震支座节点构造

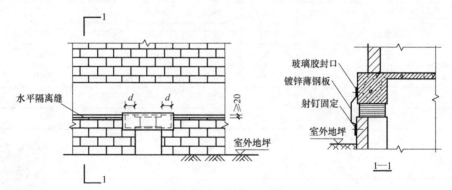

图 5-14　隔震节点密封处理示意

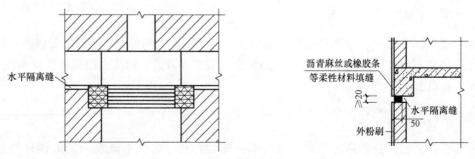

图 5-15　水平隔离缝密封处理示意

5.4.3 隔震支座不在同一标高的处理

当隔震支座不在同一标高时，应按照图 5-16 处理。

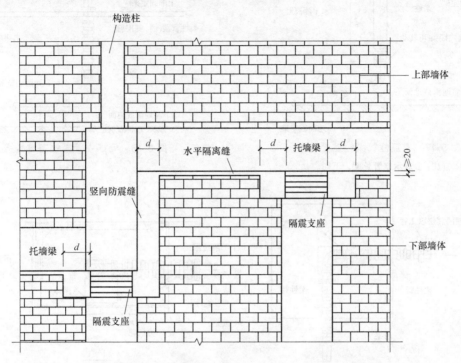

图 5-16 隔震支座不在同一标高的处理示意

注：d 表示隔震支座在罕遇地震下的最大水平位移值的 1.2 倍。

5.5 穿越隔震层的设备管道构造

5.5.1 立管柔性连接

立管的长度应满足不小于隔震支座在罕遇地震下最大水平位移值的 1.2 倍；当管道靠墙或靠柱时刚性管不得超过隔震层梁底，管道若离墙或柱的距离超过立管长度限值时不受此限制；通风管道应挂在隔震层梁上并要离墙和柱的距离不小于立管长度限值；柔性管和卡箍式接头应根据管道使用功能和可靠性要求不同，如消防管、燃气管及上下水管道等，由设计人员选定。有压立管柔性连接构造如图 5-17 所示，无压立管柔性连接构造如图 5-18 所示。

5.5.2 水平管柔性连接

水平管柔性连接形式应按照其布置空间大小、管道的类型和使用功能要求等，由设计人员选定。水平管的固定可以使用吊架、支撑架或者二者组合使用，分别如图 5-19 ~ 图 5-21 所示。

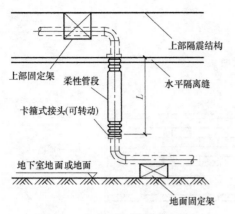

图 5-17　有压立管柔性连接构造

注：L 表示立管长度，下同。

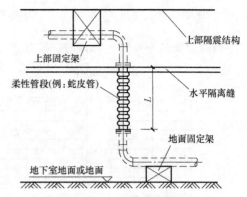

图 5-18　无压立管柔性连接构造

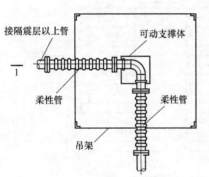

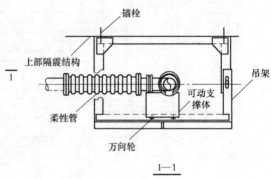

图 5-19　水平管吊架固定构造

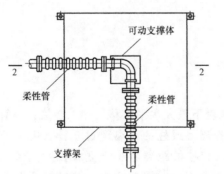

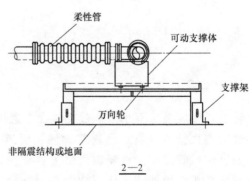

图 5-20　水平管支撑架固定构造

5.5.3　电缆、电线及避雷线连接

典型电缆、电线连接构造分别如图 5-22 和图 5-23 所示，导线和蛇形软管都要留出不小于隔震支座在罕遇地震下最大水平位移值 1.2 倍的多余长度；典型避雷线连接构造如图 5-24 所示，主筋与预埋件焊接，预埋件与导雷体焊接，导雷体留出不小于隔震支座在罕遇地震下最大水平位移值 1.2 倍的多余长度。

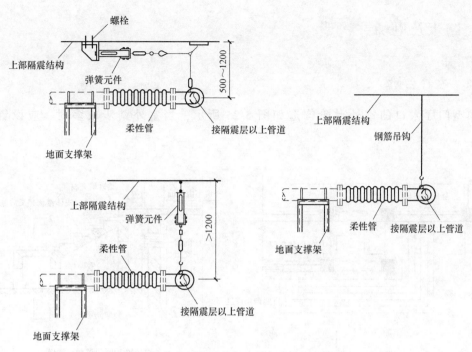

图 5-21　水平管吊架与支撑架组合固定构造

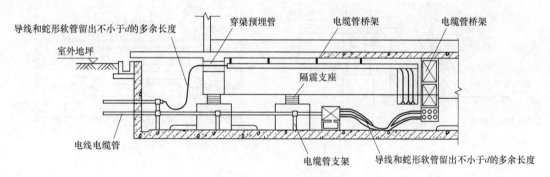

图 5-22　电缆连接构造

注：d 表示隔震支座在罕遇地震下的最大水平位移值的 1.2 倍，下同。

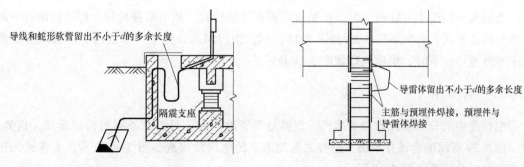

图 5-23　电线连接构造　　　　　图 5-24　避雷线连接构造

5.6 踏步及电梯井构造

5.6.1 室外台阶

典型门厅入口的室外台阶构造如图 5-25 所示,当室外踏步较多时,应设置独立楼梯。

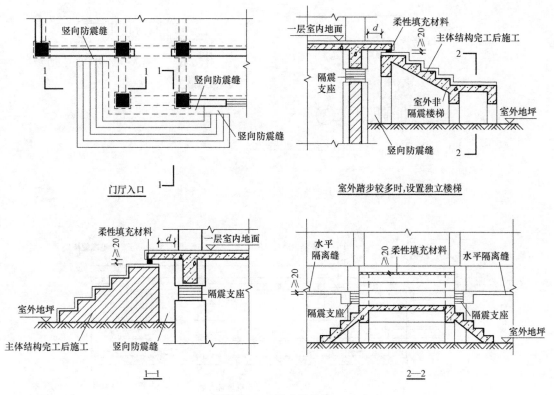

图 5-25 室外台阶构造

5.6.2 室内楼梯

当隔震支座高于室外地面时,按照水平隔离缝的位置,地下室楼梯与上部结构断开平面有两种构造形式,分别如图 5-26 和图 5-27 所示。当门洞入口低于一层地面,局部隔震支座位于室外地坪以下时,楼梯构造如图 5-28 所示。

5.6.3 电梯井

电梯井构造分为悬挂式和支撑式,根据是否有地下室还可以有不同的构造形式。例如,对于图 5-29 所示的电梯井平面,悬挂式有地下室的电梯井构造如图 5-30 所示,支撑式无地下室的电梯井构造如图 5-31 所示。

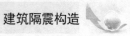

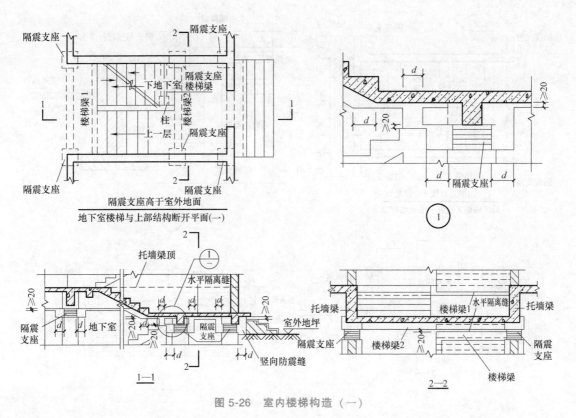

图 5-26 室内楼梯构造（一）

图 5-27 室内楼梯构造（二）

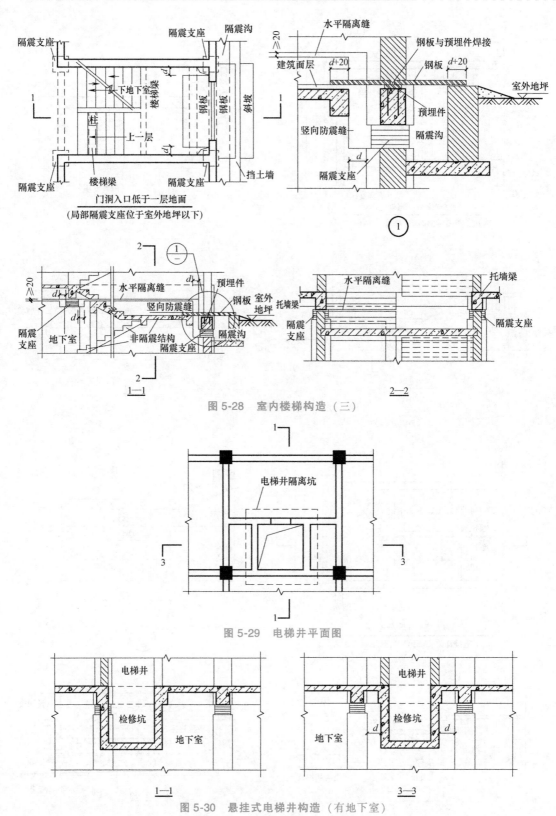

图 5-28　室内楼梯构造（三）

图 5-29　电梯井平面图

图 5-30　悬挂式电梯井构造（有地下室）

注：d 表示隔震支座在罕遇地震下的最大水平位移值的 1.2 倍。

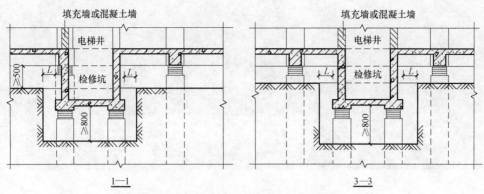

图 5-31 支撑式电梯井构造（无地下室）

注：L 取 d 和 600mm 的较大值。

【思 考 题】

1. 试分析隔震建筑构造与一般建筑构造的区别与联系。
2. 试比较 5.3 节两种隔震支座连接形式的优缺点及适用情况。

第 6 章 建筑隔震施工与验收

【学习目标】
1. 熟悉隔震支座的进场检验及安装流程。
2. 了解隔震层施工、观测及验收的要点。

建筑隔震结构包括上部结构、隔震层及下部结构，其中上部结构和下部结构的施工与验收方法与普通建筑结构相同，因此本章仅介绍隔震层施工验收的流程及要点。对于隔震建筑全施工流程进行规范性介绍，主要包括隔震支座的进场检验、支座安装流程、施工操作要点、施工观测及精度要求、隔震工程验收等。

6.1 隔震支座进场检验

6.1.1 一般规定

支座和阻尼器产品进场应提供下列质量证明文件：原材料检测报告、连接件检测报告、产品合格证、出厂检验报告、型式检验报告和其他必要证明文件。

隔震支座搬运时应有防止雨淋、日晒、磕碰和锐器划伤等措施。隔震支座应储存在干燥、通风、无腐蚀性气体、无紫外线直接照射并远离热源的场所，码置应整齐牢固，不得混放、散放。严禁与酸碱、油类、有机溶剂或腐蚀性化学品等接触。开封验货后，应进行包装防护。

6.1.2 力学性能

隔震支座应进行力学性能的检验，用于水平极限变形能力检测的隔震支座不得用于工程。隔震支座的压缩性能和剪切性能应按国家标准《橡胶支座 第 3 部分：建筑隔震橡胶支座》（GB 20688.3—2006）的要求进行检验，同时试验加载频率宜为设计频率，除设计特殊要求外不得低于 0.02Hz。隔震支座的水平极限变形能力应按行业标准《建筑隔震橡胶支座》（JG/T 118—2018）的要求进行检验。对直径大于 800mm 的支座，水平极限剪切变形可按隔震支座在罕遇地震下的最大水平位移值进行检验。需进行力学性能检验的隔震支座的数量应满足：同一生产厂家、同一类型、同一规格的产品，取总数量的 2% 且不少于 3 个进行支座力学性能试验，其中检查总数的每 3 个支座中，取一个进行水平大变形剪切试验。

6.1.3 外观质量

对于所有隔震支座还需要进行外观检查，缺陷名称和质量指标见表 6-1。

表 6-1 隔震支座外观质量要求

缺陷名称	质量指标	缺陷名称	质量指标
表面	光滑平整，防腐涂层均匀光洁，无漏刷	凹凸不平	凹凸不超过 5mm，面积不超过 50mm^2，不得多于 3 处
气泡	单个表面气泡面积不超过 50mm^2	角钢粘结不牢（上、下端面）	间隙长度不超过 30mm，深度不超过 3mm，不得多于 3 处
杂质	杂质面积不超过 30mm^2	裂纹（侧面）	不应出现
缺胶	缺胶面积不超过 150mm^2，不得多于 2 处，且内部嵌件不得外露	钢板外露（侧面）	不应出现

6.1.4 尺寸偏差

应抽取总数量的 10%（且不少于 5 个）进行支座尺寸的检验。支座尺寸偏差应符合现行国家标准《橡胶支座 第 3 部分：建筑隔震橡胶支座》（GB 20688.3—2006）中的相关规定。支座平面尺寸采用钢直尺测量。对圆形支座，应在 2 个不同位置测量直径值；对矩形支座，应在每边的 2 个不同位置测量边长值。支座高度采用钢直尺测量。对圆形支座，应在圆周上的 4 个不同位置测量高度值，此 4 点的 2 条连线应互相垂直并通过圆心；对矩形支座，应在截面的 4 个角点位置测量高度值。支座高度值为 4 个测量值的平均值。

此外还应分别抽取总数量的 10%（且不少于 5 个）进行连接件的尺寸、平整度和力学性能的检验。连接板和地脚螺栓的各项指标允许偏差见表 6-2~表 6-6。支座连接件平面外形尺寸用钢直尺测量，厚度用游标卡尺测量。对矩形支座连接板应在四边上测量长短边尺寸，还应测量对角线尺寸，厚度应在四边中点测量；对圆形支座连接板，其直径、厚度应至少测量 4 次，测定应垂直交叉。外形尺寸和厚度取实测值的平均值。地脚螺栓外形尺寸和长度用游标卡尺测量，至少测 3 次，取实测值的平均值。将连接板自由放在平台上，除连接板本身的重力外不施加任何压力，测量连接板下表面与平台间的最大距离。当受检测平台长度限制时，对长度大于 2000mm 的连接板，可任意截取 2000mm 进行不平度的测量来替代全长不平度的测量。支座连接板的力学性能应符合相关规定，并应具有出厂质量证明书；牌号不清或对材质有疑问时应予复检，符合标准后方可使用。

表 6-2 连接板平面尺寸允许偏差 （单位：mm）

连接板直径或边长	板材厚度	
	≤30	>30
≤1000	±2.0	±2.5
1000~2500	±2.5	±3.0

表 6-3 连接板厚度允许偏差 （单位：mm）

连接板厚度	连接板直径或边长		连接板厚度	连接板直径或边长	
	≤1500	1500~2500		≤1500	1500~2500
15.0~25.0	±0.65	±0.75	40.0~60.0	±0.80	±0.90
25.0~40.0	±0.70	±0.80	60.0~100.0	±0.90	±1.10

表 6-4　连接板螺栓孔位置允许偏差　　　　　　（单位：mm）

连接板直径或边长	允许偏差
400~1000	±0.80
1000~2500	±1.10

表 6-5　地脚螺栓外径尺寸允许偏差　　　　　　（单位：mm）

公称直径	尺寸允许偏差	圆度允许偏差	公称直径	尺寸允许偏差	圆度允许偏差
≤20	±0.40	公称直径公差的50%	50~80	±0.80	公称直径公差的65%
20~30	±0.50	公称直径公差的50%	80~110	±1.10	公称直径公差的70%
30~50	±0.60	公称直径公差的50%			

表 6-6　地脚螺栓长度尺寸允许偏差　　　　　　（单位：mm）

长度	≤50	50~80	80~120	120~150	150~180	180~220	220
尺寸允许偏差	±1.25	±1.50	±1.75	±2.00	±4.00	±4.60	±5.00

6.2　隔震支座安装流程

隔震支座安装流程

常见的隔震支座安装流程可以分为以下步骤：

1）先绑扎好下部构件的钢筋并将混凝土浇筑到下预埋钢板锚筋或者预埋螺杆下端对应位置，必须等到下部构件的混凝土强度达到设计强度的 75% 以上才能开始后续施工。

2）用水准仪确定下预埋钢板的设计标高位置，再通过在下部构件的角部主筋上焊一根 $\phi12mm$ 的短钢筋头标记该位置，误差应控制在 1mm 以内，然后依据这根短钢筋头在其余支座下部构件的主筋上各焊一根钢筋头。

3）用经纬仪确定下预埋钢板的轴线位置，做好标记，并通过弹墨线确定下预埋板的中心洞圆圆心位置，在标记的位置放置下预埋钢板，如果用的是预埋螺杆，应先把预埋螺杆拧好。

4）用楔形木垫对下预埋钢板的标高、平整度、轴线位置等进行微调，通过经纬仪、水准仪、拉通线检查直至满足精度要求，然后用两根 $\phi14mm$ 钢筋将下部构件主筋与下预埋钢板的锚筋或预埋螺杆点焊来固定下预埋钢板的位置。

5）取出木垫，应复核下预埋钢板标高、平整度、轴线位置等是否满足要求。满足要求后，浇筑混凝土到下预埋钢板板顶标高处。应使用加入微膨胀剂的同强度等级或高一强度等级的细石混凝土，并用小直径的振动棒进行振捣。

6）二次浇筑完成后，用敲击法确认混凝土与钢板结合密实，并再次检查预埋板标高、平整度、轴线位置。

7）待二次浇筑的混凝土强度达到设计强度的 75% 以上后开始安装支座。先将下预埋钢板板面用钢丝刷清理干净，并涂黄油，然后安装隔震支座，将螺栓孔位对齐，再拧紧螺栓；若用高强螺栓，还应满足高强螺栓的相关规定。

8）隔震支座与下部构件固定好后，再通过螺栓将上预埋钢板与隔震支座固定，然后再绑扎上部构件的钢筋，并将上预埋钢板作为底模进行支模。此外还应用斜撑固定以防整体位移。

9）最后复检隔震支座上预埋钢板的标高、平整度、轴线位置，确认符合设计要求后，开始上部构件的钢筋绑扎和混凝土浇筑。

以上的施工流程如图6-1所示。

既有建筑隔震改造的工程实例较少，本书仅介绍一种在柱中安装隔震支座的施工方法：先在隔震支座和预埋件区段之外的柱四周外包一层钢筋混凝土（或者钢板）用以支撑，外包混凝土应浇筑到柱基础上，因此原基础应扩大做成牛腿形；等到外包混凝土达到设计强度后，在四边安置千斤顶，确保支撑稳固后，切除隔震支座和预埋件区段的原柱；装好下预埋钢板和其锚筋或者预埋螺杆，再依次安装隔震支座、上预埋板和预埋件，在这一过程中反复校核标高、平整度、轴线位置；浇筑上部预埋件位置的混凝土，当其达到设计强度后撤去千斤顶，完成加固。

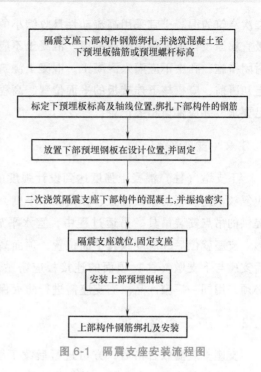

图 6-1　隔震支座安装流程图

6.3　施工操作要点

6.3.1　一般规定

支座安装施工应在上道工序交接检验合格后进行。支座安装工程施工经质量验收合格后，方可进行后续施工。支座的支墩（柱）与承台或底板宜分开施工，承台或底板混凝土应振捣平整，承台或底板混凝土初凝前，应进行测量定位。绑扎支墩（柱）的钢筋及周边钢筋，应预留预埋锚筋或锚杆、套筒的位置。下支墩（柱）上的连接板在安装过程中，应对其轴线、标高和水平度进行精确的测量定位，并应用连接螺栓对螺栓孔进行临时旋拧封闭。安装下支墩（柱）侧模时，应使用水准仪测定模板高度，并在模板上弹出水平线。浇筑下支墩（柱）混凝土时，应减少对预埋件的影响；混凝土浇筑完毕后，应对支座中心的平面位置和标高进行复测并记录，若有移动，应立即校正。模板拆除后，应采用同强度的水泥砂浆进行找平，找平后应对砂浆面进行标高复核。安装支座时，应使用全站仪或水准仪复测支座标高及平面位置，并应拧紧螺栓。上支墩（柱）连接件在安装过程中，应对其轴线、标高和水平度进行精确的测量定位。

6.3.2　支座下支墩（柱）

支座下支墩（柱）钢筋安装、绑扎时，应确定支座下预埋套筒或锚筋的位置，不应相互阻挡。支座下连接板预埋就位后，应校核其标高、平面位置、水平度，并应符合相关规范和设计要求。支座下支墩（柱）的混凝土宜分二次浇筑，浇筑时应有排气措施。第一次宜浇筑至支座下连接板以下，第二次浇筑前应复核支座下连接板的平面位置、标高和水平度。

二次浇筑的混凝土宜采用高流动性且收缩小的混凝土、微膨胀或无收缩高强砂浆，其强度等级宜比原设计强度等级提高一级。混凝土不应有空鼓。浇筑混凝土前，应对螺栓孔采取临时封闭措施，孔中不应灌入混凝土。混凝土浇筑完成后应及时将下连接板表面清洁干净。混凝土初凝前，应校核下连接板的平面位置、高程和水平度，发现问题应立即采取处理措施以满足要求，并应保留相关记录。

6.3.3　支座安装

下支墩（柱）混凝土强度达到设计强度的75%以上时方可进行支座安装。支座安装前应复核下连接板的平面位置、标高和水平度，并应保留相关记录。支座吊装时，应使用厂家提供的吊点安装吊具。吊运过程中，宜水平放置支座，且应采取措施防止支座发生水平变形。支座就位后，应复核其平面位置、顶面高程和顶面水平度。螺栓应对称拧紧。安装完成后支座与下支墩（柱）顶面的连接板应密贴。当同一支墩（柱）下采用多个支座组合时，必须采用同一厂家产品。当支座需进行防火保护时，应按设计文件进行。

6.3.4　支座相邻上部结构

支座安装验收合格后，方可进行后续工程施工。支座上连接板安装后，将锚定螺栓就位，应校核其位置、高程等，并应保留记录。支座安装后应立即采取保护措施，后续施工过程中不得受到污染、损伤。支座上部相邻结构的模板和混凝土工程施工时，应对隔震层采取临时固定措施，不应使其发生水平位移。对单层面积较大或长度超过100m的支座相邻上部混凝土结构、大跨度的钢结构或设计有特殊要求的结构，应制定专项施工方案，不应产生过大的温度变形和混凝土干缩变形。当支座相邻上部结构为钢结构和钢骨结构时，应对全部支座采取临时固定措施。在支座相邻上部结构施工过程中，应定期观测支座竖向变形，并应保留相应记录。

6.3.5　柔性连接和隔震缝

对穿过隔震层的设备配管、配线，应采用柔性连接或其他有效措施。对可能泄漏有害介质或可燃介质的重要管道，在穿越隔震层位置时应采用柔性连接。穿过隔震层的柔性管线，应在隔震缝处预留足够的伸展长度。利用构件钢筋作避雷线时，应采用柔性导线连通隔震层上下部分的钢筋。

上部结构与下部结构之间的水平隔震缝的高度应满足设计要求。当设计无要求时，缝高不应小于20mm。上部结构周边设置的竖向隔震缝宽度应满足设计要求，当设计无要求时，缝宽不应小于各支座在罕遇地震下最大水平位移值的1.2倍，且不应小于200mm。对两相邻隔震结构，其竖向隔震缝宽度应取两侧结构的支座在罕遇地震下最大水平位移值之和，且不应小于400mm。当门厅入口、室外踏步、室内楼梯节点、楼梯扶手、电梯井道、地下室坡道、车道入口处等穿越隔震层时，应采取隔震脱离措施，并应符合设计要求。对水平隔震缝封闭处理，宜采用柔性材料或者脆性材料填充；对竖向隔震缝的封闭处理，宜采用柔性材料覆盖，且均不应阻碍隔震缝发生自由水平位移。

6.4　施工观测及精度要求

在施工阶段，应对隔震支座的竖向变形做观测并记录，同时还应对上部结构、隔震层部件与周围固定物的脱开距离进行检查。观测隔震支座竖向变形的流程是：在支座的上下连接部位四边各弹一条线，测量4组线之间竖向距离并求均值，这个均值就是隔震支座的竖向变形。从上部连接构件建好到主体施工完成应每周观测一次支座竖向变形，从开始装修到竣工可每两到三周观测一次。通常隔震支座的竖向变形在整个施工过程中不应大于3mm。

隔震支座在安装过程中，应尽量保证支座受轴压作用。因此，需严格控制隔震支座水平度和轴线位置的精度，相关标准要求如下：

1）支承隔震支座的支墩（或柱），其顶面水平度误差不宜大于0.5%；在隔震支座安装后，隔震支座顶面的水平度误差不宜大于0.8%。

2）隔震支座中心的平面位置与设计位置的偏差不应大于5.0mm。

3）隔震支座中心的标高与设计标高的偏差不应大于5.0mm。

4）同一支墩上多个隔震支座的顶面高差不宜大于5.0mm。

6.5　建筑隔震工程验收

6.5.1　一般规定

建筑隔震结构施工质量验收程序应符合下列规定：建筑隔震结构的检验批及分项工程应由专业技术及质量负责人和设计人员进行验收；建筑隔震结构完工后，应提交子分部工程验收报告，并应组织相关单位进行验收。建筑隔震结构施工质量验收应在自检合格基础上，按检验批、分项工程、子分部工程验收，应符合下列规定：工程施工质量应符合相关规范和设计要求；参加工程施工质量验收的各方人员应具备规定的资格；隐蔽工程在隐蔽前，应由相关单位进行隐蔽工程验收，确认合格后，形成隐蔽验收文件；检验批的质量应按主控项目和一般项目进行验收；工程的外观质量应由验收人员通过现场检查共同确认。

建筑隔震结构施工质量验收时，应提供下列文件和记录：

1）工程相关设计文件及设计变更文件。

2）支座、阻尼器及相关材料质量合格证明文件、中文标识、性能检测报告和复验报告。

3）施工现场质量管理检查记录。

4）有关安全及功能的检验和见证检测项目检查记录。

5）有关观感质量检验项目检查记录。

6）分项工程所含各检验批质量验收记录。

7）工程重大质量问题的处理方案和验收记录。

8）隔震装置使用维护手册、维修管理及计划。

9）其他必要的文件和记录。

当建筑隔震结构施工质量不符合要求时，应按下列规定进行处理：经返工重做或更换构

（配）件的检验批，应重新进行验收；经有资质的检测单位检测鉴定能达到设计要求的检验批，应予以验收；经有资质的检测单位检测鉴定达不到设计要求的，但经原设计单位核算认可能满足结构安全和使用功能的检验批，可予以验收；经返修或加固处理的分项、子分部工程，对改变外形尺寸尚能满足安全使用要求时，可按处理技术方案和协商文件进行验收；通过返修或加固处理仍不能满足安全使用要求的建筑隔震结构，严禁验收。建筑隔震结构施工质量验收合格后，应将所有的验收文件存档备案。

6.5.2 隔震支座

支座型号、数量、安装位置应符合设计要求，支座应与下支墩（柱）顶面密贴，支座下支墩（柱）混凝土强度不应低于设计要求。支座安装位置的允许偏差和检验方法应符合表 6-7 的规定。支座不应出现较大倾斜，当出现倾斜时，单个支座的倾斜度不宜大于支座直径的 1/300。支座不应出现较大侧鼓，当出现侧鼓时，侧鼓尺寸不宜大于 3mm。当支座表面出现破损、锈蚀，不影响使用性能时，应及时修复；当影响使用性能时，应及时更换。支座下支墩（柱）不应有蜂窝、麻面。支座防火封闭应满足设计要求。

表 6-7　支座安装位置的允许偏差和检验方法

项　　目		允许偏差	检查数量	检验方法
支座标高/mm		±5	全数检查	用水准仪、钢尺测量
支座水平位置偏差/mm		±5		用经纬仪、钢尺测量
水平度	下支墩(柱)顶面	0.3%		用水准仪、千分尺测量
	支座顶面	0.3%		用水准仪、千分尺测量

6.5.3 柔性连接和隔震缝

可能泄漏有害介质或可燃介质管道的柔性接头或柔性连接段，应确认其具有满足设计要求的水平变形能力。穿过隔震层的设备配管、配线，应采用柔性连接或其他有效措施。当构件钢筋作避雷线时，柔性导线的预留可伸展长度应大于设计水平位移要求。

水平隔震缝的高度及竖向隔震缝的宽度应符合相关规定，隔震缝内及周边不得有影响隔震层发生相对水平位移的阻碍物。对穿越隔震层的门厅入口、室外踏步、室内楼梯、楼梯扶手、电梯井道、地下室坡道、车道入口处等，应采取隔震脱离措施并符合设计要求。隔震缝的密封构造措施不得阻碍隔震层发生相对水平位移，水平隔震缝的高度及竖向隔震缝宽度应均匀。

【思　考　题】

1. 试总结隔震支座安装流程中控制水平度和轴线位置的操作并思考其他方法。
2. 试思考隔震支座出现损坏后更换的施工流程及操作要点。

第 7 章　建筑隔震维护与加固

【学习目标】
1. 掌握隔震结构维护管理的目的并学习行业规范、规程中条文规定，了解维护管理的方法与内容。
2. 了解隔震结构的加固改造施工技术。

本章介绍了隔震结构维护与加固一般内容。建筑隔震维护是指对已建成的隔震建筑进行的定期维护和检查，以保障隔震层能正常发挥减震功能为目的。而隔震结构加固是指采用隔震技术对已有传统抗震结构进行加固，以提高既有建筑的抗震设防水平，并非对已有隔震结构进行加固，需特别注意。

7.1　隔震结构维护

7.1.1　维护管理目的

隔震建筑的隔震性能由隔震层的功能决定，因此，对隔震层进行必要的维护和检查，是确保隔震建筑能够达到设计性能目标不可或缺的一环。建筑在使用过程中，对于不知何时发生的地震，都要使隔震层能够正常发挥功能，因此对隔震层的维护管理工作需要定期定时完成。

经验表明，隔震结构，特别是房屋交付使用后，由于用户不了解隔震机理，常将隔震层预留的变形空间堵塞，严重者将使隔震房屋丧失隔震功能。穿越隔震层的设备管线和柔性连接的耐久性能，有可能随着使用年限的增长而降低，无法达到设计所要求的变形能力，出现断裂、滴漏等现象。因此，建筑所有者有必要在日常使用中对隔震层进行维护。对于隔震层的检查与维护还可以及时发现在施工过程中未发现的隔震构件损伤等可能造成隔震层性能降低的其他因素。

故而，对隔震层进行维护管理的目的主要有以下三方面：

1）确保隔震层各隔震构件的有效性，使其隔震性能充分发挥，保证建筑物的安全性不会降低。

2）确保隔震建筑最初的设计思想和设计条件不会发生改变，以防影响隔震层性能的发

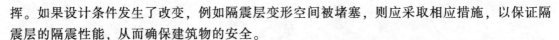

挥。如果设计条件发生了改变，例如隔震层变形空间被堵塞，则应采取相应措施，以保证隔震层的隔震性能，从而确保建筑物的安全。

3）确保穿越隔震层的设备管线及连接构件的使用性能满足设计要求，并且在地震时，具有随建筑物产生较大相对地基变形的能力。

7.1.2 规范相关规定

我国《建筑隔震工程施工及验收规范》（JGJ 360—2015）对隔震结构的维护提出了以下要求：

1）隔震建筑应设置标识，并应标明其功能特殊性、使用及维护注意事项。

2）隔震建筑的标识设置范围和内容应符合下列规定：

① 门厅入口处应标明隔震建筑，并应简单阐述隔震原理、房屋使用者注意问题，同时给出主要建筑结构平面图、剖面图、隔震层布置图、隔震缝布置图以及隔震产品描述等。

② 水平隔震缝处应标明此处为上部结构与下部结构完全分开的水平缝。

③ 建筑物周围的竖向隔震缝（又称为隔震沟）处应标明地震时此处为建筑物的移动空间，并应在其范围内设置标线或警示线。

3）隔震建筑工程竣工验收前，应提交由支座和阻尼器生产厂家、设计等单位编写的使用维护手册及维护管理计划；隔震建筑的维护检查可分为常规检查、定期检查、应急检查。

4）隔震建筑工程除对建筑常规维护项目进行检验、检查外，还应对隔震建筑特有的项目进行检验、检查。检查项目可包括支座、阻尼器、隔震缝、柔性连接；检查方法应按该规范第6章相关规定执行。

5）常规检查应每年进行一次，检查方式可采用观察方式。

6）定期检查应为竣工后的 3a$^\ominus$、5a、10a，10a 以后每 10a 进行一次。除支座的水平变形和竖向压缩变形应使用仪器测量外，其他项目均可通过观察方式进行检查。

7）当发生可能对隔震层相关构件及装置造成损伤的地震或火灾等灾害后，应及时进行应急检查。

同时，《叠层橡胶支座隔震技术规程》（CECS 126：2001）针对隔震层的维护制定了以下措施：

1）应制订和执行对隔震支座进行检查和维护的计划。

2）应定期观察隔震支座的变形及外观。

3）应经常检查是否存在可能限制上部结构位移的障碍物。

4）隔震层部件的改装、更换或加固，应在有经验的工程技术人员指导下进行。

7.1.3 维护管理方法及内容

我国相关规范中并没有制定详细的隔震建筑维护方法和维护内容，建筑所有者可以根据实际情况，基于上述目的和规范制定维护管理措施。

隔震支座、阻尼器等隔震装置，以及柔性接头、隔震缝等维护管理对象，由于使用了耐久性良好的材料，所以对其进行维护管理时基本上采用保守的检查方法即可。但是同时，必

须认识到隔震层的特殊性：

1）发生地震时，隔震装置要发挥设计的功能会产生较大变形，水平方向上会产生数十厘米的相对位移。

2）隔震装置以外的可动部分不能受到阻碍，要能跟随隔震装置一起发生相对位移。

虽然隔震建筑物的维护管理通常被认为既复杂且麻烦，但是管理者如果能够深刻认识到隔震层的特殊性，以及如何发挥其隔震功能的要点，则只需要进行常规检查、定期检查和应急检查就可以达到维护目的。

以下是隔震建筑应用较为成熟的日本对于隔震层维护的相关要求，在此加以介绍，可以作为我国业主和工程技术人员进行维护的参考。

1．维护检查类别

对于隔震层的检查除了常规检查、定期检查和应急检查外，还应增加竣工检查。它们各自的实施时间和要求是：

1）竣工检查应在建筑物竣工时进行，且应把检查结果整理成相关文件，以作为竣工后定期检查的基准转交给建筑管理者。

2）常规检查是对隔震构件进行经常性的巡视，以及时发现异常，防止危险。一般每年一次。

3）常规检查所不能确认的隔震装置的功能和耐久性能异常情况，需由专门技术人员进行定期检查。检查可以安排在竣工后第 1、3、5、10a 进行，之后约每 10a 进行一次。对于预留的试件，需在竣工后每 10a 进行一次性能试验。

4）应急检查是在常规检查发现异常时或者在大地震、火灾、浸水等灾害后立即进行的检查，需由专门技术人员进行，检查内容与定期检查相同。

2．维护检查项目

依据对隔震建筑进行维护管理的目的和上述规范要求，主要检查对象和部位有以下三个：

1）隔震构件。

2）隔震层和建筑物外周。

3）设备管线及其柔性连接部位。

根据检查对象的不同性能要求，具体的维护管理项目和常规检查项目见表 7-1 和表 7-2。

表 7-1　维护管理项目

部位	隔 震 构 件		隔震层建筑物外周	设备管线柔性连接部位
必要性能	能够安全承受建筑物荷载	具有足够的隔震性能	确保建筑物能够产生设计所指定的水平变形	具有足够的变形能力，在地震时能够随建筑物产生变形
管理项目	有无损伤、徐变、变形	刚度，变形能力，衰减能力	净空间距，有无障碍物	形状，有无损伤
管理方法	检查外观，测量竖向和水平变形	外观检查	测量净空间距，检查有无障碍物	目测检查，漏水等检查

表 7-2　常规检查项目

部位		检查项目		检查方法	位置	管理目标
隔震层、建筑物外围	建筑物	周边环境	确保净距	目测确认	外周隔震层	无障碍物
	隔震构件管线	周边状况	障碍物	目测确认	隔震层	无障碍物
			可燃物	目测确认		无可燃物
			排水条件	目测确认		排水状况良好
隔震构件	隔震支座	橡胶保护层外观	变色	目测	隔震层指定部位	无异常、无异物
			损伤	目测、量测		无损伤
		钢材部位状况	锈蚀	目测		无浮锈、无锈迹
			安装部位	目测		螺栓、铆钉无松动
	阻尼器	状况	阻尼器	目测	隔震层指定部位	形状无异常、无损伤
			锈蚀	目测		无浮锈、无锈迹
			安装部位	目测		螺栓、铆钉无松动
设备管线及柔性连接	设备管线	柔性连接部位	液体渗漏	目测	隔震层	无异常
			增加、更换	确认		不增加、更换
	电气线路	变形吸收部位	增加、更换	确认		不增加、更换

注：隔震层指定部位是指构件总数 10% 且 6 个以上，其中一半在隔震层有代表性的部位，一般靠近热源、水源、排水设备、振动源，竣工时由建筑管理人员和管理组织商议确定。

从上述内容可以看出，隔震房屋的维护相对于传统抗震房屋要稍显麻烦，但考虑到要保证隔震房屋的正常使用，这些必要的检查和维护就非常重要。虽然目前国家没有强制性规范条文要求业主对隔震房屋进行维护，但从业主自身利益来讲，在房屋使用期间与房屋管理者制订必要的维护检查计划，就能及时发现问题并尽快处理，从而最大限度地保障房屋使用者的生命和财产安全。

3. 维护管理体制

对于常规检查，一般可由建筑物所有者委托的建筑维护管理人员进行；定期检查和应急检查需由隔震建筑及其维护管理专业技术人员进行。

在维护管理工程中所涉及的三方人员分别承担以下不同责任：

1）建筑所有者从设计人员处接收维护管理方案，并委托维护管理机构进行维护管理业务。在接到维护管理机构的检查报告时，应进行必要的改善。

2）建筑管理人员承担常规检查，并将结果向隔震功能维护管理人员报告。

3）隔震功能维护管理人员由具有隔震结构知识的人员组成，进行定期检查和应急检查，

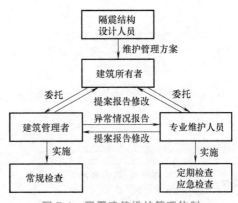

图 7-1　隔震建筑维护管理体制

审核定期检查的结果，将其向建筑所有者报告，并提出相应的改进措施和方案。

隔震建筑维护管理体制如图 7-1 所示。

7.2　采用隔震技术的结构加固

目前，隔震技术在我国主要被应用于高烈度地区的新建建筑中，在建筑物抗震加固工程中的应用较少，而在国外（如美国、日本、新西兰）的抗震加固领域已应用多年。既有建筑物的基础隔震加固技术是在充分利用既有建筑物上部结构抗震能力的基础上，根据既有建筑物的特点，在建筑物的下部插入隔震装置（如隔震支座、阻尼器、限位装置以及恢复装置等），从而隔离、消耗输入上部结构的地震能量，使其达到既有结构所能抵抗的水平，实现提高既有结构抗震能力的目标。

采用基础隔震加固时，仅对建筑结构的基础部分进行施工，只需要在建筑物的底层为其提供施工操作的空间，而不影响建筑物二层及二层以上用户的正常使用，是一种经济适用的抗震加固方法，尤其适用于具有历史性保存价值的文物建筑，生命线工程以及内部有重要设备、仪器的建筑物。

为了保证隔震层施工的顺利完成，实现对上部结构隔震加固的关键问题是如何安全有效地将符合设计要求的叠层橡胶隔震支座放置到预定位置，并且保证隔震支座能牢固地与上部结构和下部结构连接，充分发挥隔震层的功能。隔震加固改造施工技术可分为柱下隔震与墙下隔震。

7.2.1　柱下隔震加固

对柱进行隔震加固改造，首先要对已经开挖暴露的基础柱按照隔震计算及构造要求进行加固，通常采用加大截面法对原有基础和柱进行加固。

柱下隔震加固的具体施工步骤如下：

1）根据隔震结构的设计和构造要求进行加固。在原柱子四周除需要切除高度为 h 的区段（即用以安装隔震支座的区段）外，浇筑新的外包钢筋混凝土加固柱子，它既是安装隔震支座时的支撑结构，又是为了满足隔震设计对隔震层以下柱要求所必需的（见图 7-2）。外包钢筋混凝土下段的底部应落在原混凝土柱的基础上，并将原基础扩大，顶部做成牛腿形，上段一直到一层梁底及板底。在支座上、下外包混凝土的两段相向平面内，相向设置四对竖向短支墩，其平面位置如图 7-2 中的剖面 1—1 所示。短支墩应留间隙，以便安装楔形钢垫块。

2）外包混凝土达到设计强度之后，在短支墩之间打入楔形钢垫块，使短支墩有能力稳固地支撑上部结构，之后切除高度为 h 的原混凝土柱段（见图 7-3）。

3）浇筑下部混凝土垫块，并预埋锚固钢筋，固定支座下部连接钢板，

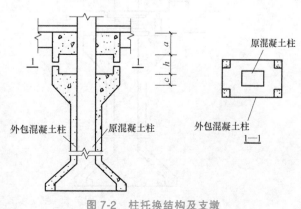

图 7-2　柱托换结构及支墩

安装橡胶隔震支座。安装橡胶支座的上部连接钢板，用混凝土灌实上部空间（见图7-4）。

4）在牛腿四边放置千斤顶，托住上部结构，在四个短支墩上逐级取掉钢垫片，完成承载转换过程（见图7-5）。

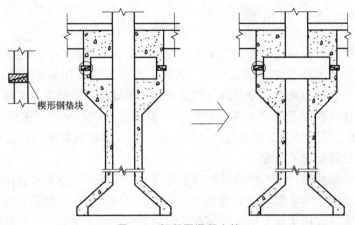

图7-3　切断原混凝土柱

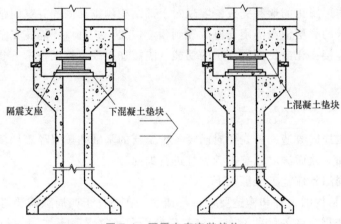

图7-4　隔震支座安装就位

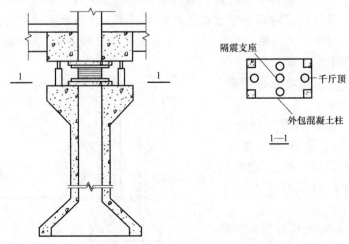

图7-5　完成承载转换

7.2.2 墙下隔震加固

1. 砌体结构墙下隔震加固

砌体结构在我国被广泛应用于住宅、办公楼、医院、教学楼等民用建筑和公共建筑。历次震害表明砌体结构整体抗震性能差、延性低，易发生脆性破坏，通常造成大量的人员伤亡和财产损失。而我国 20 世纪 70 年代以前的多层砌体结构设计往往没有考虑抗震设防的要求，所以有必要对既有多层砌体房屋，特别是抗震设防高烈度区的砖砌体房屋进行抗震鉴定，并酌情进行抗震加固以使其满足现阶段抗震设防的要求。

隔震支座应设置在砌体房屋上部结构与基础之间受力较大的位置，如纵横向承重墙交接处等。依据《建筑抗震鉴定标准》（GB 50023—2009）的鉴定结果来判断采用常规加固方法还是隔震加固方法。采用隔震加固方法的施工步骤如下：

1）为了保证隔震加固的安全实施，首先要对建筑物周围的地基进行加固施工，拆除一层地板，进行土方开挖，同时控制施工放样标高。首次开挖至托墙梁梁底，并对托墙梁进行加固（见图 7-6 和图 7-7）。

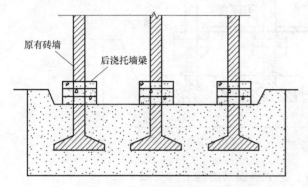

图 7-6 墙体托换梁施工图

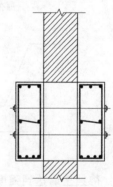

图 7-7 托换梁加固详图

2）二次开挖土方至基础底面，对原基础进行加宽、加厚，使之与隔震层底板形成板筏基础（见图 7-8）。

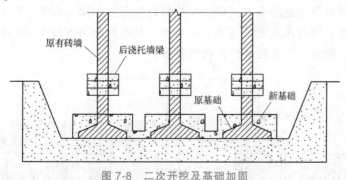

图 7-8 二次开挖及基础加固

3）用千斤顶支撑加固后的墙梁（见图 7-9），截断墙梁与加固后基础之间的墙体，浇筑下部混凝土垫块，并预埋锚固钢筋（见图 7-10）。

4）固定支座下部连接钢板，安装橡胶隔震支座。安装橡胶支座的上部连接钢板，用混凝土灌实上部空间。进行挡土墙主体以及隔震层楼板施工（见图 7-11）。

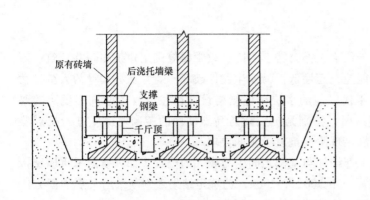

图 7-9　切断原有砖墙

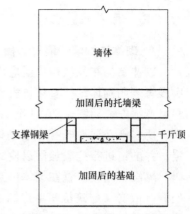

图 7-10　支撑体系剖面图

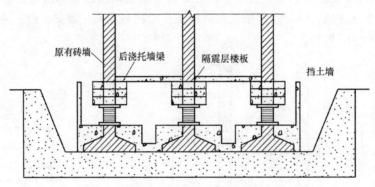

图 7-11　隔震支座安装、挡土墙与楼板施工

5）待挡土墙达到强度后，回填土方，完成隔震层的施工（见图7-12）。

多层砌体结构墙体托换的难度较大，采用框式托换技术能够达到较理想的效果。托换框架与其上计算高度范围内的墙体组成墙梁结构来支承上部结构传来的均布荷载，并将其转换成隔震支座处的集中荷载。而托梁下的隔震支座因其竖向刚度非常大，可作为整个墙梁构件的竖向支座。具体计算构造应参照《砌体结构设计规范》（GB 50003—2011）中第7.3条关于墙梁的计算要求；同时还应满足《建筑抗震设计规范》（GB 50011—2010）中第7.5.8条关于底部框架砖房钢筋混凝土托墙梁的构造要求。

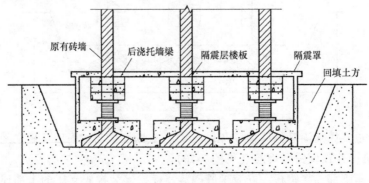

图 7-12　完成隔震层施工

2. 剪力墙下隔震加固

剪力墙下隔震支座的支撑结构与柱下隔震支座的支撑结构有所不同（见图7-13）。在剪力墙上下内外浇筑四根支撑梁，并在下部隔一定距离（即剪力墙下隔震支座的距离）浇筑混凝土构造柱，构造柱落在原剪力墙基础上。上下支撑梁间空出的距离用于安装隔震支座，因此空出距离必须大于隔震支座加上下连接钢板的厚度，还要考虑一定的施工空间。在下部支撑梁上安装隔震支座部位的两边浇筑混凝土短支墩用于支撑上部结构，上下托换梁间的剪力墙应切掉，以保证隔震支座在各个方向的自由移动。

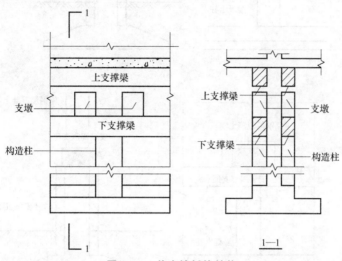

图7-13　剪力墙托换结构

图7-13所示的剪力墙托换结构中，上下支撑梁和构造柱与原剪力墙的连接主要靠新旧混凝土结合面的抗剪强度和通长配置的U形箍筋，箍筋直径和间距的计算和构造与混凝土柱的隔震改造加固情况相同。图7-13中各构件的尺寸和配筋设计主要根据它们的受力计算确定。上支撑梁除考虑支撑过程中的受力外，由于施工完成后，剪力墙将变成由几个隔震支座支撑，刚度下降，在两个支座的跨度范围内剪力墙可能发生竖向剪切破坏和开裂，因此上支撑梁的刚度必须足够大，以控制托换梁和剪力墙的挠度，防止剪切破坏和开裂。根据这些要求，可确定上支撑梁的截面尺寸和配筋。下支撑梁的作用主要是临时支撑剪力墙的竖向荷载，由于构造柱的存在，可以按照构造柱距离内的连续梁设计配筋。同时验算局部承压、配置钢筋网片。混凝土构造柱一方面支撑下部支撑梁、支撑隔震支座，另一方面，施工完成后将用于提高原剪力墙的刚度，使加固后的剪力墙能够抵抗罕遇地震下的地震作用。构造柱的尺寸、间距和配筋要按照此原则计算。

除支撑结构不同外，剪力墙的施工步骤与柱基本相同，不再赘述。

对剪力墙进行隔震加固改造，一般也可按图7-14所示施工过程进行。

1）对剪力墙基础按隔震结构的受力要求进行加固，增加适合梁柱受力体系的基础柱，浇筑下支撑梁，预埋隔震支座的下连接钢板预埋件。施工时要注意新旧混凝土结合面的处理，使后浇混凝土和原混凝土结合成一个完整的受力体，然后在混凝土剪力墙上开凿出能够满足安装隔震支座和基础隔震支座正常工作空间的洞口。

2）按新建隔震建筑中隔震支座的施工方法，安装基础隔震支座。

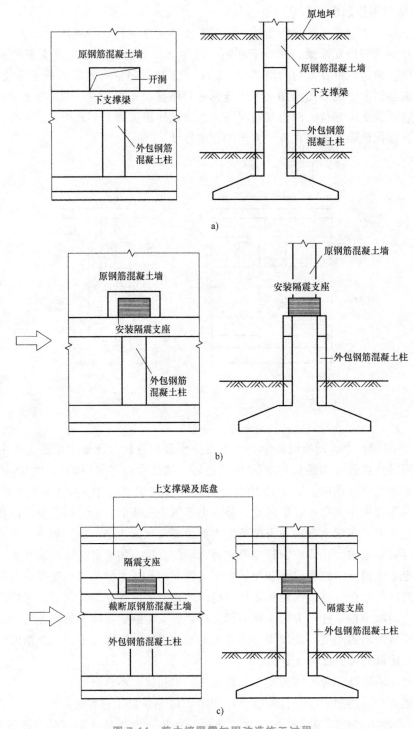

图 7-14　剪力墙隔震加固改造施工过程

a) 加固原墙体基础　b) 隔震支座安装　c) 施工托换底盘及墙体切割

3）浇筑上支撑梁和托换底盘，待混凝土达到设计强度时，切断原混凝土剪力墙和基础的联系，保证整个上部结构能在地震发生时在水平方向上自由移动，并采取必要的构造保护措施（对隔震支座的保护以及管线的改造等），即可完成对混凝土剪力墙的隔震加固改造。

7.2.3　电梯井隔震加固

为了保证电梯正常运行，电梯井道不能在中间切断，只把原来直通地下室的电梯改成到一层，在井道中由一层楼面的标高往下留出电梯检修坑的高度后，新浇筑一层井道底板，把电梯井处的隔震支座布置在井道板的下面（见图7-15）。

由于上部井道内部不能新包混凝土，所以托换结构仅设置在井道外侧，下部井道内侧加的混凝土只起加固下部结构的作用，不参与托换。由于隔震支座仅支撑在新包混凝土上，因此其截面需做成牛腿状。

托换顺序如下：首先浇筑新包混凝土；其次用短支墩支撑上部结构后切除井道剪力墙，浇筑新井道底板；然后安装隔震支座，其他中间步骤和需要注意的细节与柱托换相同。短支墩距隔震支座大于25cm，以保证支座自由移动。

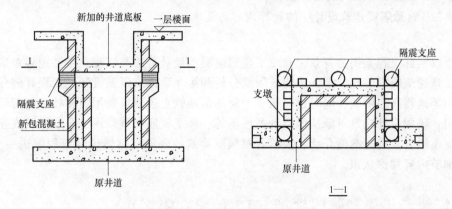

图7-15　电梯井隔震构造

以上隔震加固的技术措施以及隔震支座的安装质量控制都与新建隔震建筑的要求一致。

【思　考　题】

1. 对隔震建筑进行维护管理的主要目的是什么？
2. 对隔震建筑进行维护管理有哪些类别？分别对应的内容是什么？
3. 如何理解在隔震建筑的维护管理体制中，各方人员的主要责任与协调关系？

第8章 建筑隔震工程算例

【学习目标】
1. 掌握隔震建筑的设计流程。
2. 熟悉隔震建筑设计中的验算内容与要求。

本章以实际工程案例为背景，介绍了建筑隔震的设计方法与流程。主要内容对应了本书中的第 2 章建筑隔震装置、第 3 章建筑隔震分析和第 4 章建筑隔震设计。工程算例分布于新疆、四川等地震高烈度区，同时也包括了上海地区地铁上盖建筑采用隔震技术进行转换层设计的应用；隔震设计建筑对象从低层到高层不等；涉及支座类型兼顾了叠层橡胶支座组合和摩擦摆支座组合。通过案例介绍，使读者对隔震建筑的隔震层整体设计流程能进一步掌握，对验算细节内容加深认识。

8.1 新疆老年福利院门诊楼（LRB 组合隔震）

8.1.1 工程概况与有限元模型

新疆老年福利院门诊楼位于新疆乌鲁木齐，上部结构 4 层，地下室 1 层，建筑结构高度 18.6m，采用框架结构形式。该项目属于抗震重点设防类（乙类建筑），抗震设防烈度 8 度，设计基本地震加速度峰值为 $0.2g$，设计地震分组第二组，II 类场地，场地特征周期 0.4s。采用分部设计法，隔震设计目标为上部结构降低一度。

本工程使用有限元软件 ETABS 建立隔震与非隔震结构模型，并进行计算与分析。ETABS 软件具有方便灵活的建模功能和强大的线性和非线性动力分析功能，其中连接单元能够准确模拟橡胶隔震支座、滑板支座和黏滞阻尼器。本结构模型依据 PKPM 建模得到。ETABS 模型如图 8-1 所示。

将 EATBS 和 SATWE 非隔震模型计算得到的质量、周期和层间剪力（振型分解反应谱法）进行对比，结果见表 8-1~表 8-3。表中差值为：｜ETABS-SATWE｜/SATWE×100%。

表 8-1 非隔震结构质量对比

SATWE/t	ETABS/t	差值(%)
17572	17705	0.76

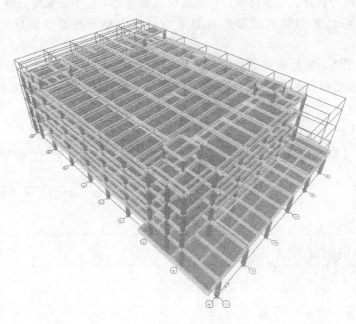

图 8-1 结构三维模型图

表 8-2 非隔震结构周期对比

阶数	SATWE/s	ETABS/s	差值(%)
1	1.14	1.11	2.6
2	1.03	1.01	1.9
3	0.99	0.96	3.0

表 8-3 非隔震结构 7 度小震下地震剪力对比

层数	SATWE/kN		ETABS/kN		差值(%)	
	X	Y	X	Y	X	Y
4	2778	3016	2732	2980	1.6	1.2
3	4416	4977	4405	4988	0.2	0.2
2	5574	6375	5569	6410	0.1	0.5
1	6440	7379	6424	7414	0.2	0.5

由表 8-1~表 8-3 可知，ETABS 模型与 SATWE 模型的结构质量、周期和各层间剪力差异都很小。综上所述，用于本工程隔震分析计算的 ETABS 模型与 SATWE 模型是一致的。

8.1.2 地震动输入

《抗规》5.1.2 条规定：采用时程分析法时，应按建筑场地类别和设计地震分组选用实际强震记录和人工模拟的加速度时程，其中实际强震记录的数量不应少于总数的 2/3，多组时程的平均地震影响系数曲线应与振型分解反应谱法所采用的地震影响系数曲线在统计意义上相符。弹性时程分析时，每条时程计算的结构底部剪力不应小于振型分解反应谱计算结果的 65%，多条时程计算的结构底部剪力的平均值不应小于振型分解反应谱法计算结果的 80%。

本工程选取了 2 条实际强震记录和 1 条人工模拟加速度时程，3 条时程曲线如图 8-2 所示，3 条时程反应谱和规范反应谱曲线如图 8-3 所示，基底剪力对比结果见表 8-4。

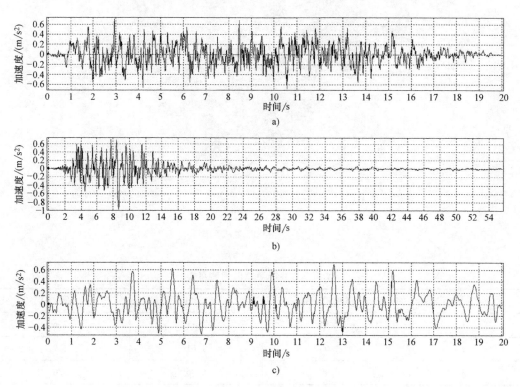

图 8-2　3 条地震波时程曲线

a）人工波　b）CPC_TOPANGA CANYON_16_nor 波　c）TangShanNS 波

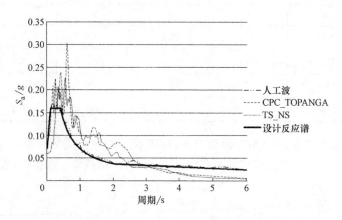

图 8-3　3 条时程反应谱和规范反应谱曲线

由图 8-3 可知，各时程平均反应谱与规范反应谱较接近。

表 8-4　非隔震结构 8 度小震下基底剪力

工　况		反应谱	REN	CPC	TS_NS	时程平均
剪力/kN	X	12847	11334	12824	15991	13383
	Y	14827	13205	17816	17742	16254
比例(%)	X	—	88.2	99.8	124.5	104.2
	Y	—	89.1	120.2	119.7	109.6

注：1. 比例为各时程分析与振型分解反应谱法得到的结构基底剪力之比。

　　2. 时程简写及全称如下：REN，人工波；CPC，CPC_TOPANGA CANYON_16_nor；TS_NS，TangShanNS。

《抗规》规定：输入的地震加速度时程曲线的有效持续时间，一般从首次达到该时程曲线最大峰值的 10% 那一刻算起，到最后一点达到最大峰值的 10% 为止；无论是实际的强震记录还是人工模拟波形，有效持续时间一般为结构基本周期的 5~10 倍，详见表 8-5。

表 8-5　3 条时程反应谱持续时间

时程名称	第一次达到该时程曲线最大峰值 10% 对应的时间/s	最后一次达到该时程曲线最大峰值 10% 对应的时间/s	有效持续时间/s	结构周期/s	比值
REN	0.5	19.2	18.7	3.17	5.9
CPC	1.8	26.8	25.0	3.17	7.9
TS_NS	0.1	19.9	19.8	3.17	6.2

由表 8-5 可知，选取的地震波有效持续时间满足《抗规》规定。

《抗规》规定：多组时程波的平均地震影响系数曲线与振型分解反应谱法所用的地震影响系数曲线相比，在对应于结构主要振型的周期点上相差不大于 20%，详见表 8-6。

表 8-6　3 条时程反应谱与规范反应谱曲线对比

振型	ETABS/s	时程最大影响系数	规范反应谱影响系数	差值(%)
1	3.17	0.031	0.034	8.8
2	3.13	0.032	0.034	5.9
3	2.95	0.032	0.035	8.6

由表 8-6 可知，满足《抗规》规定。

8.1.3　隔震支座设计与验算

1. 隔震支座布置

本工程采用的橡胶隔震支座，在选择其直径、个数和平面布置时，主要考虑了以下因素：

1）根据《抗规》12.2.3 条，同一隔震层内各个橡胶隔震支座的竖向压应力宜均匀，竖向平均应力不应超过乙类建筑的限值 12MPa。

2）在罕遇地震作用下，隔震支座不宜出现拉应力，当少数隔震支座出现拉应力时，其拉应力不应大于 1MPa。

3）在罕遇地震作用下，隔震支座的极限水平变位应小于其有效直径的 0.55 倍和各橡胶层总厚度 3 倍二者的较小值。

本工程共使用了 66 个支座，各类型支座数量及力学性能详见表 8-7~表 8-10。隔震支座平面布置如图 8-4 所示。隔震结构屈重比为 2.7%。

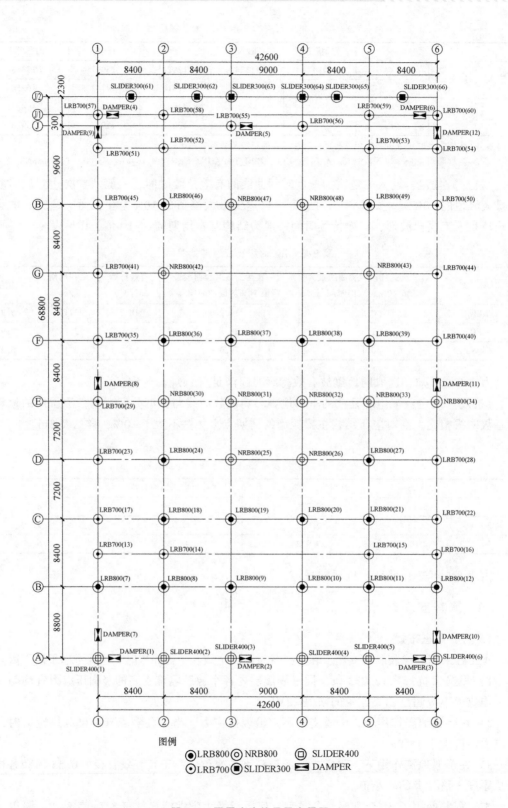

图例

⊙ LRB800　◎ NRB800　▫ SLIDER400
⊙ LRB700　■ SLIDER300　⋈ DAMPER

图 8-4　隔震支座编号及布置图

表 8-7　隔震支座力学性能参数

型号	等效水平刚度 K_h/（kN/mm）	初始刚度 K_1/（kN/mm）	屈服后刚度比	竖向刚度 K_v/（kN/mm）	屈服力 Q/kN	承载应力 /MPa	数量 （个）
LRB700	1.887	14.439	0.077	3509	106	12	25
LRB800	2.290	16.459	0.077	3973	160	12	18
NRB800	1.238	—	—	3517	—	12	11
SLIDER400	—	—	—	—	40	12	6
SLIDER300	—	—	—	—	20	12	6
总计	—	—	—	—	—	—	66

表 8-8　橡胶支座及铅芯支座参数

产品型号	LRB 700	LRB 800	NRB 800	产品型号	LRB 700	LRB 800	NRB 800
产品外径/mm	700	800	800	内部钢板厚度/mm	4.5	4.5	4.5
铅芯直径/mm	130	160	—	第一形状系数	35.0	33.3	33.3
橡胶层厚度/mm	140	140	140	第二形状系数	5.00	5.00	5.00
橡胶层数（层）	28	27	27	产品高度/mm	344.3	364.6	364.6

表 8-9　滑板支座性能参数

产品编号	长期竖向承载力	承压板强度	最大滑移位移	摩擦系数
SLIDER2000/400	2000kN	>30MPa	±400mm	≤0.02 *
SLIDER1000/300	1000kN			

＊表示标准试验，100%的长期竖向承载力的作用下，检测支座的滑动摩擦系数。

表 8-10　阻尼器力学性能参数

型号	阻尼指数	阻尼/[kN·(s/mm)$^{0.2}$]	非线性刚度/（kN/mm）	数量（个）
60 t	0.2	120	84	12

2. 隔震支座压应力验算

验算隔震支座的压应力水平，荷载组合为"1.0 恒载+0.5 活载"，由表 8-11 可知，支座压应力较小，支座有足够的安全储备。

表 8-11　支座压应力验算

支座编号	支座类型	1.0 恒载+0.5 活载 P/kN	压应力 /MPa	支座编号	支座类型	1.0 恒载+0.5 活载 P/kN	压应力 /MPa
A-1	SLIDER400	-1184.39	-9.43	B-2	LRB800	-3887.17	-7.73
A-2	SLIDER400	-1326.52	-10.56	B-3	LRB800	-4823.01	-9.60
A-3	SLIDER400	-1174.61	-9.35	B-4	LRB800	-4864.25	-9.68
A-4	SLIDER400	-1166.63	-9.28	B-5	LRB800	-3586.50	-7.14
A-5	SLIDER400	-1175.57	-9.35	B-6	LRB800	-2709.36	-5.39
A-6	SLIDER400	-1095.21	-8.72	1/B-1	LRB700	-2117.22	-5.50
B-1	LRB800	-2875.96	-5.72	1/B-2	LRB700	-2716.11	-7.06

（续）

支座编号	支座类型	1.0恒载+0.5活载 P/kN	压应力 /MPa	支座编号	支座类型	1.0恒载+0.5活载 P/kN	压应力 /MPa
1/B-5	LRB700	−2808.46	−7.30	F-6	LRB700	−3938.99	−10.24
1/B-6	LRB700	−2174.61	−5.65	G-1	LRB700	−4067.62	−10.57
C-1	LRB700	−3406.15	−8.85	G-2	NRB800	−5610.56	−11.19
C-2	LRB800	−4597.64	−9.15	G-5	NRB800	−5052.16	−10.08
C-3	LRB800	−5486.64	−10.92	G-6	LRB700	−3775.07	−9.81
C-4	LRB800	−5488.64	−10.92	H-1	LRB700	−3691.25	−9.59
C-5	LRB800	−4561.25	−9.07	H-2	LRB800	−5144.82	−10.24
C-6	LRB700	−3379.11	−8.78	H-3	NRB800	−5951.28	−11.87
D-1	LRB700	−3537.37	−9.19	H-4	NRB800	−6016.36	−11.98
D-2	LRB800	−4804.27	−9.56	H-5	LRB800	−4896.52	−9.74
D-3	NRB800	−4484.94	−8.94	H-6	LRB700	−3598.21	−9.35
D-4	NRB800	−4362.37	−8.70	1/H-1	LRB700	−2474.28	−6.43
D-5	LRB800	−4778.02	−9.51	1/H-2	LRB700	−3675.64	−9.55
D-6	LRB700	−3652.37	−9.49	1/H-5	LRB700	−3678.33	−7.32
E-1	LRB700	−3302.56	−8.58	1/H-6	LRB700	−2478.11	−6.44
E-2	NRB800	−4559.44	−9.09	J-3	LRB700	−4547.13	−11.82
E-3	NRB800	−4337.56	−8.65	J-4	LRB700	−4533.04	−11.78
E-4	NRB800	−4164.04	−8.30	1/J-1	LRB700	−1340.25	−3.48
E-5	NRB800	−4576.38	−9.13	1/J-2	LRB700	−2125.30	−5.52
E-6	NRB800	−3447.44	−8.96	1/J-5	LRB700	−2147.79	−5.58
F-1	LRB700	−3605.57	−9.37	1/J-6	LRB700	−1336.36	−3.47
F-2	LRB800	−4692.92	−9.36	2/J-1/1	SLIDER300	−168.48	−2.38
F-3	LRB800	−5744.52	−11.46	2/J-2/2	SLIDER300	−403.04	−5.70
F-4	LRB800	−5743.04	−11.45	2/J-3	SLIDER300	−593.07	−8.39
F-5	LRB800	−4992.70	−9.96	2/J-4	SLIDER300	−591.20	−8.36

3. 抗风承载力验算

由 SATWE 模型计算结果，风荷载作用下最大底部剪力 X 方向 $V_{wx}=1895\text{kN}$，Y 方向 $V_{wy}=1427\text{kN}$。

根据《抗规》12.1.3 条，采用隔震的结构风荷载产生的总水平力不宜超过结构总重力的 10%。本结构总重力为 222857kN，满足要求。

隔震层必须具备足够的屈服前刚度和屈服承载力，以满足风荷载和微振动的要求。《叠层橡胶支座隔震技术规程》（CECS 126：2001）4.3.4 条规定，抗风装置应按下式进行验算：

$\gamma_w V_{wk} \leqslant V_{Rk}$，即 $1.4V_{wk}=2653\text{kN} \leqslant 5890\text{kN}$（各支座屈服力之和），满足要求。

式中，V_{Rk} 为抗风装置的水平承载力设计值，当不单独设抗风装置时，取隔震支座的屈服荷载设计值；γ_w 为风荷载分项系数，取 1.4；V_{wk} 为风荷载作用下隔震层的水平剪力标准值。

8.1.4　设防地震作用验算

设防地震（中震）作用下，隔震结构与非隔震结构的周期对比见表 8-12。《叠层橡胶支座隔震技术规程》规定：隔震房屋两个方向的基本周期相差不宜超过较小值的 30%。

由表 8-12 可知，采用隔震技术后，结构的周期明显延长。层间剪力及其比值见表 8-13~表 8-14。

表 8-12　隔震前后结构的周期

振型	ETABS（前）/s	ETABS（后）/s	两方向差值（%）
1	1.11	3.17	
2	1.01	3.13	1.3
3	0.96	2.95	

由表 8-13 和表 8-14 分析得到隔震层以上结构隔震前后，结构层间剪力比值的最大值为 0.38，根据《抗规》第 12.2.5 条，确定隔震后水平地震影响系数最大值 $\alpha_{max1} = \beta\alpha_{max}/\psi = 0.38\times0.16/0.8 = 0.076$。

对于有地下室的结构，还应提取中震时隔震支座的轴力、剪力，隔震层位移，用于地下室中震抗弯计算。荷载组合如下 "1.2×（1.0×恒载+0.5×活载）+1.3×水平地震+0.5×竖向地震"，即：$1.2\times(1.0D+0.5L)+1.3F_{ek}+0.5\times0.4\times(1.0D+0.5L) = 1.4D+0.7L+1.3F_{ek}$。表 8-15 和表 8-16 列出部分隔震支座的轴力、剪力，隔震层位移情况。由表 8-16 可知，隔震层最大水平位移 154mm。

表 8-13　X 向非隔震与隔震结构层间剪力及层间剪力比

楼层	非隔震结构层间剪力/kN			隔震结构层间剪力/kN			隔震与非隔震层间剪力比			
	X 向			X 向			X 向			X 向最大值
	REN	CPC	TS_NS	REN	CPC	TS_NS	REN	CPC	TS_NS	
4	14611	22491	20920	4534	7189	7812	0.31	0.32	0.37	0.37
3	18612	29084	30292	7072	9325	10407	0.38	0.32	0.34	0.38
2	26337	30479	38510	10173	11185	14314	0.38	0.37	0.37	0.38
1	31736	35538	48671	10216	11855	12601	0.32	0.33	0.26	0.33

表 8-14　Y 向非隔震与隔震结构层间剪力及层间剪力比

楼层	非隔震结构层间剪力/kN			隔震结构层间剪力/kN			隔震与非隔震层间剪力比			
	Y 向			Y 向			Y 向			Y 向最大值
	REN	CPC	TS_NS	REN	CPC	TS_NS	REN	CPC	TS_NS	
4	14664	20199	24592	5572	7559	8523	0.38	0.37	0.35	0.38
3	23901	30758	40874	7734	11170	11808	0.32	0.36	0.29	0.36
2	30348	41340	47987	10029	13466	15399	0.33	0.33	0.32	0.33
1	36974	49374	54000	10111	11764	13308	0.27	0.24	0.25	0.27

表 8-15　设防地震时隔震结构支座剪力与轴力

| 支座编号 | 支座类型 | 支座剪力/kN | | | | | | 支座剪力最大值/kN | | 轴向力/kN |
| | | X 向 | | | Y 向 | | | | | |
		REN	CPC	TS_NS	REN	CPC	TS_NS	X 向	Y 向	最大值
A-1	SLIDER400	0	0	0	0	0	0	0	0	2579
A-2	SLIDER400	0	0	0	0	0	0	0	0	2778
B-1	LRB800	321	429	341	332	426	360	429	426	5335
B-2	LRB800	321	429	341	332	426	360	429	426	6714
1/B-5	LRB700	242	335	259	250	333	274	335	333	4452
C-3	LRB800	322	430	343	332	426	360	430	426	7727
C-4	LRB800	322	430	343	332	426	360	430	426	7732
D-2	LRB800	324	430	345	332	426	360	430	426	6847
D-3	NRB800	129	234	150	137	229	164	234	229	6448
E-2	NRB800	130	234	151	137	229	164	234	229	6526
E-5	NRB800	130	234	151	137	229	164	234	229	6583
F-3	LRB800	326	433	347	332	426	360	433	426	8222
F-4	LRB800	326	433	347	332	426	360	433	426	8203
G-2	NRB800	133	237	153	137	229	164	237	229	8774
G-5	NRB800	133	237	153	137	229	164	237	229	7744
H-3	NRB800	134	238	156	137	229	164	238	229	8859
H-4	NRB800	134	238	156	137	229	164	238	229	8956
1/H-2	LRB700	248	342	269	250	333	274	342	333	6628
J-3	LRB700	248	342	269	250	333	274	342	333	6417
J-4	LRB700	248	342	269	250	333	274	342	333	6429
1/J-5	LRB700	248	342	269	250	333	274	342	333	4729
2/J-4	SLIDER300	0	0	0	0	0	0	0	0	2120
2/J-5/5	SLIDER300	0	0	0	0	0	0	0	0	1854

表 8-16　设防地震时隔震结构各支座最大位移

| 支座编号 | 支座类型 | 支座位移/mm | | | | | | 支座位移最大值/mm | | |
| | | X 向 | | | Y 向 | | | | | |
		REN	CPC	TS_NS	REN	CPC	TS_NS	X 向	Y 向	最大值
A-1	SLIDER400	78	144	89	85	142	102	144	142	144
A-2	SLIDER400	78	144	89	85	142	102	144	142	144
B-1	LRB800	79	144	90	85	142	102	144	142	144
B-2	LRB800	79	144	90	85	142	102	144	142	144
1/B-5	LRB700	79	144	91	85	143	102	144	143	144
C-3	LRB800	80	145	92	85	142	102	145	142	145

（续）

支座编号	支座类型	支座位移/mm						支座位移最大值/mm		
		X 向			Y 向			X 向	Y 向	最大值
		REN	CPC	TS_NS	REN	CPC	TS_NS			
C-4	LRB800	80	145	92	85	142	102	145	142	145
D-2	LRB800	80	145	93	85	142	102	145	142	145
D-3	NRB800	80	145	93	85	142	102	145	142	145
E-2	NRB800	81	146	94	85	142	102	146	142	146
E-5	NRB800	81	146	94	85	142	102	146	142	146
F-3	LRB800	82	147	95	85	142	102	147	142	147
F-4	LRB800	82	147	95	85	142	102	147	142	147
G-2	NRB800	82	147	96	85	142	102	147	142	147
G-5	NRB800	82	147	96	85	142	102	147	142	147
H-3	NRB800	83	148	97	85	142	102	148	142	148
H-4	NRB800	83	148	97	85	142	102	148	142	148
1/H-2	LRB700	84	148	97	85	142	102	148	142	148
J-3	LRB700	84	149	98	85	142	102	149	142	149
J-4	LRB700	84	149	98	85	142	102	149	142	149
1/J-5	LRB700	84	149	98	85	142	102	149	142	149
2/J-4	SLIDER300	88	154	102	85	142	102	154	142	154
2/J-5/5	SLIDER300	88	154	102	85	143	102	154	143	154

8.1.5 罕遇地震作用验算

根据《抗规》12.2.9 条规定：隔震层的支墩、支柱及相连构件，满足罕遇地震下隔震支座底部的竖向力、水平力和力矩的承载力要求；隔震层以下的地下室，满足嵌固刚度比和隔震后设防地震的抗震承载力要求，并满足罕遇地震下的抗剪承载力要求。罕遇地震下验算隔震层的位移，同时得到轴力、剪力用于支墩设计。竖向地震力近似取 0.4 倍的重力荷载代表值。

1. 隔震支座轴力与剪力验算

罕遇地震下隔震支座最大剪力和最大轴力计算"1.2×（1.0×恒载+0.5×活载）+1.3×水平地震+0.5×竖向地震力"，即：$1.2×(1.0D+0.5L)+1.3F_{ek}+0.5×0.4×(1.0D+0.5L)= 1.4D+0.7L+1.3F_{ek}$。得到罕遇地震下各个支座最大剪力和最大轴力，给出部分支座受力见表 8-17。

2. 隔震层水平位移验算

罕遇地震下隔震层水平位移计算"1.0×恒载+0.5×活载+1.0×水平地震"，即：$1.0D+0.5L+1.0F_{ek}$。得到罕遇地震下各个支座最大水平位移，详见表 8-18。

表 8-17　罕遇地震时隔震结构支座剪力与轴力

支座编号	支座类型	支座力/kN						支座剪力平均值/kN		轴向力/kN
		X 向			Y 向			X 向	Y 向	最大值
		REN	CPC	TS_NS	REN	CPC	TS_NS			
A-1	SLIDER400	0	0	0	0	0	0	0	0	2995
A-2	SLIDER400	0	0	0	0	0	0	0	0	3194
B-1	LRB800	516	703	534	524	709	564	703	709	5902
B-2	LRB800	516	703	534	524	709	564	703	709	7258
1/B-6	LRB700	412	576	428	419	580	454	576	580	4060
C-1	LRB700	412	577	428	419	580	454	577	580	6012
C-2	LRB800	517	705	534	524	709	564	705	709	7157
D-1	LRB700	413	577	429	419	580	454	577	580	5962
D-2	LRB800	519	705	536	524	709	564	705	709	6896
E-1	LRB700	415	577	430	419	580	454	577	580	5628
E-2	NRB800	321	502	338	325	504	364	502	504	6582
F-1	LRB700	416	579	430	419	580	454	579	580	6022
F-2	LRB800	521	706	538	524	709	564	706	709	6758
G-1	LRB700	417	579	432	419	580	454	579	580	7293
G-2	NRB800	324	503	339	325	504	364	503	504	9065
H-1	LRB700	419	580	433	419	580	454	580	580	6554
H-2	LRB800	524	707	540	524	709	564	707	709	7912
1/H-5	LRB700	420	580	433	419	580	454	580	580	7263
J-3	LRB700	420	580	434	419	580	454	580	580	6540
J-4	LRB700	420	580	434	419	580	454	580	580	6553
1/J-1	LRB700	420	580	434	419	580	454	580	580	3978
2/J-1/1	SLIDER300	0	0	0	0	0	0	0	0	3256
2/J-3	SLIDER300	0	0	0	0	0	0	0	0	3849
2/J-6/6	SLIDER300	0	0	0	0	0	0	0	0	3257

表 8-18　罕遇地震时隔震结构支座最大位移

支座编号	支座类型	支座位移/mm						支座位移最大值/mm		
		X 向			Y 向			X 向	Y 向	最大值
		REN	CPC	TS_NS	REN	CPC	TS_NS			
A-1	SLIDER400	196	311	208	202	314	226	311	314	314
A-2	SLIDER400	196	311	208	202	314	226	311	314	314
B-1	LRB800	197	311	208	202	314	226	311	314	314
B-2	LRB800	197	311	208	202	314	226	311	314	314
1/B-6	LRB700	197	311	208	202	314	226	311	314	314

（续）

支座编号	支座类型	支座位移/mm						支座位移最大值/mm		
		X 向			Y 向			X 向	Y 向	最大值
		REN	CPC	TS_NS	REN	CPC	TS_NS			
C-1	LRB700	198	311	209	202	314	226	311	314	314
C-2	LRB800	198	311	209	202	314	226	311	314	314
D-1	LRB700	198	312	209	202	313	226	312	313	313
D-2	LRB800	198	312	209	202	314	226	312	314	314
E-1	LRB700	199	312	210	202	313	226	312	313	313
E-2	NRB800	199	312	210	202	314	226	312	314	314
F-1	LRB700	200	312	210	202	313	226	312	313	313
F-2	LRB800	200	312	210	202	314	226	312	314	314
G-1	LRB700	201	313	211	202	313	226	313	313	313
G-2	NRB800	201	313	211	202	314	226	313	314	314
H-1	LRB700	202	313	212	202	313	226	313	313	313
H-2	LRB800	202	313	212	202	313	226	313	313	313
1/H-5	LRB700	202	313	212	202	314	226	313	314	314
J-3	LRB700	203	314	212	202	314	226	314	314	314
J-4	LRB700	203	314	212	202	314	226	314	314	314
1/J-1	LRB700	203	313	212	202	313	226	313	313	313
2/J-1/1	SLIDER300	210	324	219	202	313	226	324	313	324
2/J-3	SLIDER300	210	324	219	202	314	226	324	314	324
2/J-6/6	SLIDER300	210	324	219	202	314	226	324	314	324

由表 8-18 可知，隔震层最大水平位移 324mm，小于 $0.55D = 385$mm（D 为最小橡胶隔震支座直径，本工程采用橡胶隔震支座最小直径为 700mm）及 $3T_r = 420$mm（T_r 为最小隔震支座的橡胶层总厚度）中的较小值，满足要求。

根据《抗规》12.2.7 条规定：隔震结构应该采取不阻碍隔震层在罕遇地震下发生大变形的构造措施。上部结构的周边应设置竖向隔离缝，缝宽不宜小于隔震橡胶支座在罕遇地震下的最大水平位移的 1.2 倍且不宜小于 200mm。对于两相邻隔震结构，其缝宽取最大水平位移值之和，且不小于 400mm。对于相邻的高层隔震建筑，考虑到地震时上部结构顶部位移会大于隔震层处位移，因此隔震缝要留出罕遇地震时隔震缝的宽度加上防震缝的宽度，方才合适。

上部结构和下部结构之间，应设置完全贯通的水平隔离缝，缝高可取 20mm，并用柔性材料填充；当设置水平隔离缝确有困难时，应设置可靠的水平滑移垫层。

隔震构造措施的具体做法参考图集《楼地面 油漆 刷浆》（西南 04J312）和《建筑结构隔震构造详图》（03SG610-1）。

3. 隔震支座应力验算

根据《抗规》12.2.4 条规定：隔震橡胶支座在罕遇的水平和竖向地震同时作用下，拉应力不应大于 1.0MPa。隔震支座拉应力验算采用的荷载组合为"1.0×恒载±1.0×水平地震−0.5×竖向地震",即:$1.0D±1.0F_{ek}-0.5×0.4(1.0D+0.5L)=0.8D-0.1L±1.0F_{ek}$,隔震支座压应力验算采用的荷载组合为"1.0×恒载+0.5×活载+1.0×水平地震+0.5×竖向地震",即:$1.0D+0.5L+1.0F_{ek}+0.5×0.4(1.0D+0.5L)=1.2D+0.6L+1.0F_{ek}$ 得到罕遇地震下各个支座承受的最大拉应力和压应力,选取部分支座计算结果见表8-19。

由表8-19可知,在罕遇地震作用下,当荷载组合为:$0.8D-0.1L+1.0F_{ek}$ 时,最大拉应力为0.17MPa,出现在1/J-6号支座LRB700;当荷载组合为:$0.8D-0.1L-1.0F_{ek}$ 时,最大拉应力为0.28MPa,出现在1/J-6号支座LRB700。罕遇地震下,隔震支座拉应力和压应力满足规范要求。

表 8-19　罕遇地震下隔震支座拉应力和压应力

支座编号	支座型号	$0.8D-0.1L+1.0F_{ek}$		$0.8D-0.1L-1.0F_{ek}$		$1.2D+0.6L+1.0F_{ek}$	
		最小轴向力/kN	支座拉应力/MPa	最小轴向力/kN	支座拉应力/MPa	最小轴向力/kN	支座拉应力/MPa
A-1	SLIDER400	−587	—	−576	—	−923	−7.34
A-2	SLIDER400	−1046	—	−1026	—	−1656	−13.18
B-1	LRB800	−815	—	−1053	—	−3278	−6.52
B-2	LRB800	−2242	—	−2189	—	−5228	−10.41
1/B-6	LRB700	−1035	—	−901	—	−2714	−7.06
C-1	LRB700	−1632	—	−1915	—	−4119	−10.70
C-2	LRB800	−3167	—	−3124	—	−5375	−10.69
D-1	LRB700	−2103	—	−2391	—	−5610	−14.57
D-2	LRB800	−3452	—	−3415	—	−5977	−11.89
E-1	LRB700	−1665	—	−1938	—	−4962	−12.89
E-2	NRB800	−3273	—	−3199	—	−5802	−11.57
F-1	LRB700	−1932	—	−2206	—	−5526	−14.36
F-2	LRB800	−3291	—	−3201	—	−6114	−12.16
G-1	LRB700	−2429	—	−2713	—	−6398	−16.62
G-2	NRB800	−3530	—	−3307	—	−7504	−14.96
H-1	LRB700	−2027	—	−2273	—	−5341	−13.88
H-2	LRB800	−3463	—	−3384	—	−6075	−12.09
1/H-6	LRB700	−999	—	−847	—	−3360	−8.74
J-3	LRB700	−3035	—	−2986	—	−5461	−14.19
J-4	LRB700	−3048	—	−2997	—	−5484	−14.25
1/J-6	LRB700	66	0.17	108	0.28	−2500	−6.50
2/J-4	SLIDER300	−484	—	−484	—	−771	−10.90
2/J-6/6	SLIDER300	−145	—	−145	—	−221	−3.12
A-1	SLIDER400	−587	—	−576	—	−923	−7.34

8.1.6 结论

经过对新疆老年福利院门诊楼进行组合隔震设计及计算分析,可以得到如下结论:

1)在时程计算中,时程曲线在结构隔震前后的周期点的反应谱值、底部剪力等方面均满足要求。根据规范求得的水平向减震系数为0.38,满足降低一度设计的要求。

2)在罕遇地震作用下,支座的最大位移为324mm,小于规范中规定的限值,确保了隔震结构在大震下的位移需求;在罕遇地震的作用下,支座的最大拉应力为0.28MPa,小于规范中支座最大拉应力为1.0MPa的规定,满足了隔震结构抗倾覆的要求。

3)按照规范进行了结构抗风承载力的验算。风荷载所引起的结构隔震层层间剪力小于隔震层的屈服力,隔震结构满足抗风要求。

通过以上分析可以得到,该建筑结构通过采取组合隔震设计后,上部结构的设计地震作用从8度(0.2g)降为7度(0.1g),减小了结构构件的截面尺寸,分析结果均满足规范要求。

8.2 上海徐泾地铁上盖工程(LRB组合隔震)

8.2.1 工程概况与有限元模型

上海徐泾地铁上盖工程位于上海市青浦区徐泾镇蒲泽大道与徐盈路交接,为车辆段上盖建筑,由多栋14~20层住宅单体组成,采用剪力墙结构。其中02地块1#楼地上层数14层,建筑结构高度52.3m,04地块7#楼地上层数18层,建筑结构高度64.3m。大平台为重点设防类,上盖建筑为标准设防类。抗震设防烈度7度,设计基本地震加速度峰值为0.2g,设计地震分组第一组,Ⅳ类场地,场地特征周期0.9s。地铁上盖结构存在刚度突变、体系转换等复杂性,对02、04地块房屋采用上盖隔震方案,采用分部设计法,隔震设计目标为上部结构降低一度。Midas有限元模型如图8-5所示。

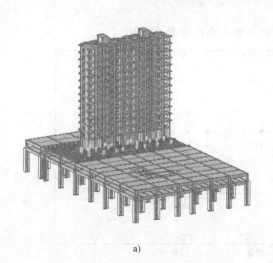
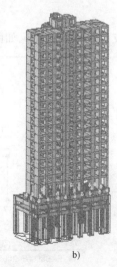

图8-5 有限元计算模型
a)02地块1#楼隔震计算模型 b)04地块7#楼隔震计算模型

8.2.2 地震动输入

《抗规》5.1.2 条规定：采用时程分析法时，应按建筑场地类别和设计地震分组选用实际强震记录和人工模拟的加速度时程，其中实际强震记录的数量不应少于总数的 2/3，多组时程的平均地震影响系数曲线应与振型分解反应谱法所采用的地震影响系数曲线在统计意义上相符。弹性时程分析时，每条时程计算的结构底部剪力不应小于振型分解反应谱计算结果的 65%，多条时程计算的结构底部剪力的平均值不应小于振型分解反应谱法计算结果的 80%。本例直接从《建筑抗震设计规程》（DGJ 08-9—2013）附录 A 中选取上海波 SHW01 至 SHW14，设防地震作用验算选取 7 条上海波 SHW01 至 SHW07（2 条人工波+5 条天然波），按照地震峰值 100 cm/s^2 输入；罕遇地震作用验算选取 7 条上海波 SHW08 至 SHW14（2 条人工波+5 条天然波），按照地震峰值 200 cm/s^2 输入。

8.2.3 隔震支座设计与验算

1. 隔震支座布置

本例隔震分析的复核使用 Midas Gen，在有限元模型中，隔震支座使用隔震单元和间隙单元并联的形式进行模拟。隔震单元的竖向刚度设置为所选隔震支座竖向刚度的 0.1 倍，间隙单元的竖向刚度设置为所选隔震支座竖向刚度的 0.9 倍，通过两者并联实现隔震橡胶支座拉压非线性的模拟。隔震单元和间隙单元并联的原理如图 8-6 所示。

图 8-6　隔震单元和间隙单元并联原理示意图

支座具体布置情况如图 8-7、图 8-8 和表 8-20～表 8-22 所示。

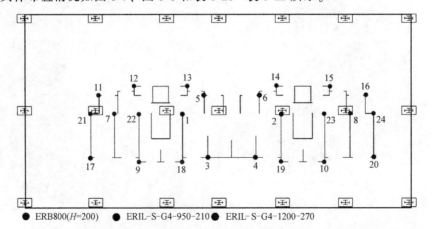

● ERB800(H=200)　● ERIL-S-G4-950-210　● ERIL-S-G4-1200-270

图 8-7　02 地块 1#楼支座布置简图

注：1#楼的隔震支座下部直接安装在 1.5m 厚的转换板（矩形框线所围面积）上，为便于观察隔震支座与大平台柱之间的相对位置，本图未将转换板画出。

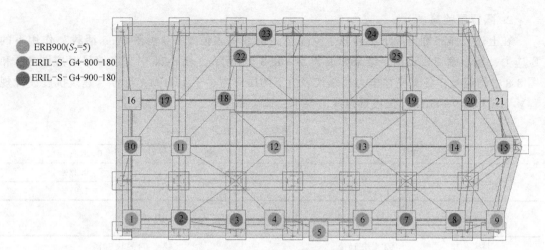

图 8-8 04 地块 7#楼支座布置简图

表 8-20 支座型号与布置数量 （单位：个）

支座型号	02 地块 1#楼	04 地块 7#楼	支座型号	02 地块 1#楼	04 地块 7#楼
ERIL-S-G4-1200-270	6	—	ERIL-S-G4-800-180	—	10
ERIL-S-G4-950-210	2	—	ERIL-S-G4-900-180	—	4
ERB800(H=200)	16	—	ERB900(S_2=5)	—	9

表 8-21 橡胶支座性能参数 （一）

支 座 型 号	ERIL-S-G4-1200-270	ERIL-S-G4-950-210	ERIL-S-G4-900-180
直径/mm	1200	950	900
铅芯尺寸/mm	270	210	180
橡胶层总厚度/mm	7.0×34=238	6.0×32=192	6.0×30=180
设计压应力/MPa	15	15	15
竖向刚度/(kN/mm)	6487	4789	4415
拉伸强度/MPa	1.0	1.0	1.0
水平屈服前刚度/(kN/mm)	24.495	19.014	18.124
水平屈服后刚度/(kN/mm)	1.884	1.463	1.394
屈服力/kN	456	276	203
水平等效刚度/(kN/mm)	3.802	2.901	2.521

表 8-22 橡胶支座性能参数 （二）

支 座 型 号	ERIL-S-G4-800-180	ERB900(S_2=5)	ERB800(H=200)
直径/mm	800	900	800
铅芯尺寸/mm	180	—	—
橡胶层总厚度/mm	6.0×27=162	6.0×30=180	5.7×35=199.5
设计压应力/MPa	15	15	10
竖向刚度/(kN/mm)	3535	3915	2628
拉伸强度/MPa	1.0	1.0	1.0
水平屈服前刚度/(kN/mm)	15.994	1.363	0.972
水平屈服后刚度/(kN/mm)	1.230	—	—
屈服力/kN	203	—	—
水平等效刚度/(kN/mm)	2.483	1.363	0.972

注：水平等效刚度的设计基准剪应变为 100%。

2. 隔震层验算

在上述支座布置情况下，验算了支座重力荷载代表值"1.0恒载+0.5活载"作用下的压应力、偏心率和屈重比。结果如表8-23~表8-25所示，表8-24中支座编号对应图8-7和图8-8中的编号；各支座在重力荷载代表值下的压应力小于12MPa，符合《建筑抗震设计规程》（GGJ 08-9—2013）及设计压应力要求；偏心率小于3%，符合要求。

表8-23　隔震层偏心率验算

位　　置		02 地块 1#楼	04 地块 7#楼
偏心率	X 方向	0.03%	0.28%
	Y 方向	1.19%	1.97%

表8-24　隔震层压应力验算

编号	02 地块 1#楼			04 地块 7#楼		
	支座类型	轴向荷载/kN	压应力/MPa	支座类型	轴向荷载/kN	压应力/MPa
1	ERIL-S-G4-1200-270	8210	7.26	ERB900($S_2=5$)	3554	7.07
2	ERIL-S-G4-1200-270	9332	8.25	ERIL-S-G4-900-180	4515	7.10
3	ERIL-S-G4-1200-270	5944	5.26	ERIL-S-G4-800-180	3617	7.20
4	ERIL-S-G4-1200-270	5253	4.64	ERB900($S_2=5$)	5491	8.63
5	ERIL-S-G4-1200-270	6539	5.78	ERB900($S_2=5$)	4675	7.35
6	ERIL-S-G4-1200-270	5280	4.67	ERB900($S_2=5$)	5588	8.78
7	ERB800($H=200$)	3337	6.64	ERIL-S-G4-800-180	3592	7.15
8	ERB800($H=200$)	4878	9.70	ERIL-S-G4-900-180	3961	6.23
9	ERB800($H=200$)	4768	9.49	ERB900($S_2=5$)	3411	5.36
10	ERB800($H=200$)	4635	9.22	ERIL-S-G4-800-180	3662	7.29
11	ERB800($H=200$)	1949	3.88	ERB900($S_2=5$)	3949	6.21
12	ERB800($H=200$)	3020	6.01	ERB900($S_2=5$)	6915	10.87
13	ERB800($H=200$)	2597	5.17	ERB900($S_2=5$)	6898	10.84
14	ERB800($H=200$)	2423	4.82	ERB900($S_2=5$)	3703	5.82
15	ERB800($H=200$)	3124	6.21	ERIL-S-G4-800-180	4772	9.49
16	ERB800($H=200$)	1841	3.66	—	—	—
17	ERIL-S-G4-950-210	3715	5.24	ERIL-S-G4-800-180	3689	7.34
18	ERB800($H=200$)	3825	7.61	ERIL-S-G4-800-180	3647	7.26
19	ERB800($H=200$)	3554	7.07	ERIL-S-G4-800-180	3546	7.06
20	ERIL-S-G4-950-210	3778	5.33	ERIL-S-G4-800-180	3726	7.41
21	ERB800($H=200$)	3680	7.32	—	—	—
22	ERB800($H=200$)	4127	7.27	ERIL-S-G4-800-180	4011	7.98
23	ERB800($H=200$)	4308	7.59	ERIL-S-G4-900-180	7617	11.97
24	ERB800($H=200$)	2431	4.84	ERIL-S-G4-900-180	7477	11.75
25	—	—	—	ERIL-S-G4-800-180	3912	7.78
轴向荷载总和		102548	—	轴向荷载总和	105928	—
最大值		9332	9.70	最大值	7617	11.97
平均值		4273	6.37	平均值	4606	8.00

表 8-25　隔震层屈重比验算

位　置	02 地块 1#楼	04 地块 7#楼
轴向力总和/kN	102548	105928
隔震层屈服力/kN	3308	2842
屈重比	3.23%	2.68%

3. 抗风承载力验算

根据《叠层橡胶支座隔震技术规程》（CECS 126：2001）4.3.4 条：风荷载下隔震层水平剪力设计值应小于隔震层总屈服力，风荷载设计值的计算取荷载分项系数为 1.4，风荷载调整系数取 1.1，风荷载验算计算结果见表 8-26，满足规范要求。

表 8-26　风荷载验算　　　　　　　　　　　　　　　（单位：kN）

位　置	风荷载方向	标准值	设计值	隔震层屈服力
02 地块 1#楼	X	575	885	3308
	Y	2144	3301	3308
04 地块 7#楼	X	293	451	2842
	Y	553	851	2842

4. 恢复力验算

隔震层恢复力验算结果见表 8-27 和表 8-28，根据《叠层橡胶支座隔震技术规程》4.3.6 条：隔震层恢复力大于屈服力设计值的 1.4 倍，由表可知恢复力满足要求。

表 8-27　02 地块 1#楼恢复力验算

支座类型	水平等效刚度 K_h /(kN/mm)	数量 (个)	橡胶层总厚度 $T_r \times n$/mm	总恢复力/kN	隔震层屈服力 设计值/kN
ERIL-S-G4-1200-270	3.802	6	238		
ERIL-S-G4-950-210	2.901	2	192	9646	3308×1.4＝4631.2
ERB800(H＝200)	0.972	16	199.5		

表 8-28　04 地块 7#楼恢复力验算

支座类型	水平等效刚度 K_h/(kN/mm)	数量	橡胶层总厚度 $T_r \times n$/mm	总恢复力/kN	隔震层屈服力 设计值/kN
ERIL-S-G4-800-180	2.483	10	162		
ERIL-S-G4-900-180	2.521	4	180	8080	2842×1.4＝3978.8
ERB900(S_2＝5)	1.363	9	180		

8.2.4　设防地震作用验算

《叠层橡胶支座隔震技术规程》（CECS 126：2001）规定：隔震房屋两个方向的基本周期相差不宜超过较小值的 30%。将 02 地块 1#楼和 04 地块 7#楼两栋塔楼隔震前后第一阶周期对比见表 8-29。

表 8-29　隔震前后周期对比　　　　　　　　　　　　（单位：s）

塔 楼 号	隔震前周期	隔震后周期
1#	1.211	3.211
7#	1.273	3.148

采用 8.2.2 节中 7 条上海波 SHW01 至 SHW07（2 条人工波+5 条天然波），按照 7 度设防 $100\ \text{cm/s}^2$ 加速度峰值输入，分别对固接结构和隔震结构进行了中震时程分析，得到了 2 座塔楼的层剪力和层倾覆弯矩，求出了水平向减震系数，只考虑隔震层以上结构的减震效果，下列图表中楼层号以隔震层以上一层记为第一层。所有楼层减震系数均小于 0.4，满足降低一度设计的要求，时程均值结果简要整理如图 8-9~图 8-18 所示。

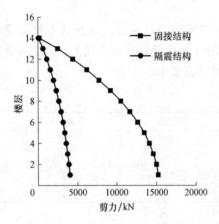

图 8-9　02 地块 1#楼 X 向层剪力

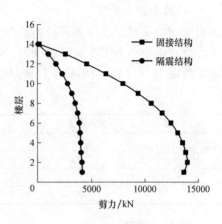

图 8-10　02 地块 1#楼 Y 向层剪力

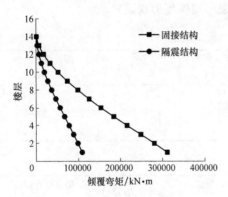

图 8-11　02 地块 1#楼 X 向倾覆弯矩

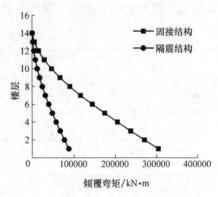

图 8-12　02 地块 1#楼 Y 向倾覆弯矩

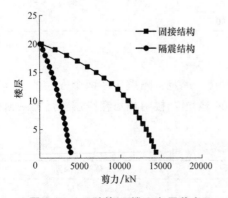

图 8-13　04 地块 7#楼 X 向层剪力

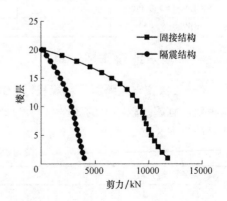

图 8-14　04 地块 7#楼 Y 向层剪力

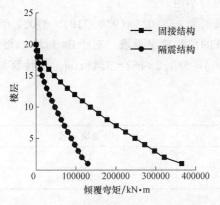

图 8-15　04 地块 7#楼 X 向倾覆弯矩

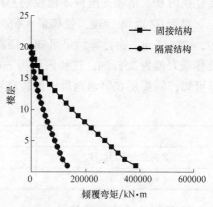

图 8-16　04 地块 7#楼 Y 向倾覆弯矩

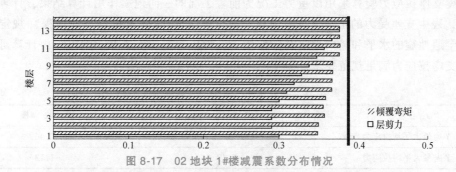

图 8-17　02 地块 1#楼减震系数分布情况

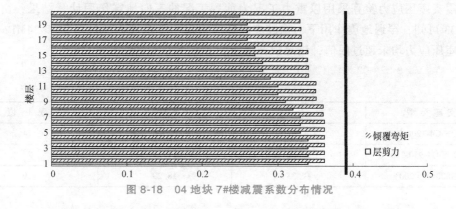

图 8-18　04 地块 7#楼减震系数分布情况

8.2.5　罕遇地震作用验算

按照地震峰值 $200\ \text{cm/s}^2$ 输入，地震波考虑特征周期（中震 0.9s，大震 1.1s）选用上海波 SHW08 至 SHW14 共 7 条波进行罕遇地震时程分析，检验隔震结构在罕遇烈度地震作用下的隔震层响应。

1. 隔震层水平位移验算

对 SHW08 至 SHW14 共 7 条上海波作用下的隔震层最大平均水平位移进行分析，其结果的平均值见表 8-30。

《建筑抗震设计规程》（DGJ 08-9—2013）规定，支座的水平位移限值不应超过支座有效直径的 0.5 倍和支座内部橡胶层总厚度 2.0 倍两者的较小值。

对于 02 地块 1#楼，位移最大值为 249mm，位移限值为 min{0.5×(950−210)=370,2.0×192=384}mm，由计算结果可知，隔震层在罕遇地震下的位移满足要求。对于 04 地块 7#楼，位移最大值为 255mm，位移限值为 min{0.5×(800−180)=310,2×162=324}mm。由计算结果可知，隔震层在罕遇地震下的位移满足要求。

表 8-30　罕遇烈度隔震层位移　（单位：mm）

位置	02 地块 1#楼	04 地块 7#楼
X 向最大平均位移	245	255
Y 向最大平均位移	249	254

2. 隔震支座应力验算

隔震支座拉应力验算采用以重力工况为前置工况的三向地震作用计算结果，计算结果见表 8-31，表中支座受力的正负号按习惯规定为拉正压负。《建筑抗震设计规程》规定，橡胶支座在罕遇地震的水平和竖向地震共同作用下，拉应力不应大于 0.50MPa。由计算可知，隔震结构支座拉应力满足规范要求。

表 8-31　罕遇烈度支座拉应力验算结果汇总　（单位：MPa）

位置	02 地块 1#楼	04 地块 7#楼
X 向最大平均拉应力	−0.13	−0.44
Y 向最大平均拉应力	0.12	−1.13

隔震支座压应力验算采用以重力工况为前置工况的三向地震作用计算结果，由表 8-32 和表 8-33 可知，罕遇地震作用下，橡胶支座压应力应小于基准面压的 2 倍和 24MPa 的较小值，支座压应力均未超过限值，满足规范要求。

表 8-32　02 地块 1#楼罕遇烈度支座最大平均压应力验算（绝对值最大值）

（单位：MPa）

支座类型	X 向支座压应力	Y 向支座压应力	限　值
ERIL-S-G4-1200-270	9.66	9.89	24
ERIL-S-G4-950-210	11.00	11.19	24
ERB800(H=200)	17.35	18.29	20

表 8-33　04 地块 7#楼罕遇烈度支座最大平均压应力验算（绝对值最大值）

（单位：MPa）

支座类型	X 向支座压应力	Y 向支座压应力	限　值
ERIL-S-G4-800-180	12.93	14.13	24
ERIL-S-G4-900-180	18.26	20.26	24
ERB900(S_2=5)	12.70	13.75	24

3. 结构阻尼比验算

铅芯橡胶支座的等效阻尼比在不同的剪切变形下不同，本节对各条地震波罕遇烈度地震作用下的铅芯橡胶支座在隔震层所提供的等效附加黏滞阻尼比进行了校核，结果见表 8-34

和表 8-35。结果表明 02 地块 1#楼和 04 地块 7#楼的隔震层等效附加黏滞阻尼比在合理范围内。

表 8-34　02 地块 1#楼罕遇地震作用下等效附加黏滞阻尼比

地震波	剪切变形最大值/mm	隔震层等效附加黏滞阻尼比	地震波	剪切变形最大值/mm	隔震层等效附加黏滞阻尼比
SHW-08X	190	0.23	SHW-12X	269	0.19
SHW-08Y	200	0.23	SHW-12Y	267	0.19
SHW-09X	190	0.23	SHW-13X	337	0.16
SHW-09Y	195	0.23	SHW-13Y	361	0.15
SHW-10X	154	0.27	SHW-14X	379	0.14
SHW-10Y	139	0.28	SHW-14Y	391	0.14
SHW-11X	197	0.23	平均值	—	0.21
SHW-11Y	227	0.21			

表 8-35　04 地块 7#楼罕遇地震作用下等效附加黏滞阻尼比

地震波	剪切变形最大值/mm	隔震层等效附加黏滞阻尼比	地震波	剪切变形最大值/mm	隔震层等效附加黏滞阻尼比
SHW-08X	190	0.20	SHW-12X	274	0.16
SHW-08Y	197	0.20	SHW-12Y	271	0.16
SHW-09X	210	0.19	SHW-13X	357	0.13
SHW-09Y	210	0.19	SHW-13Y	314	0.14
SHW-10X	148	0.24	SHW-14X	387	0.12
SHW-10Y	143	0.25	SHW-14Y	391	0.12
SHW-11X	216	0.19	平均值	—	0.18
SHW-11Y	204	0.20			

4. 隔震支座残余变形验算

《建筑抗震设计规程》（DGJ 08-9—2013）12.2.2 条规定，一般情况下进行时程分析时，输入地震波应为已消除基线漂移的地震波。本例隔震时程分析所用的地震波 SHW08 至 SHW14 均未经过基线校准的处理，因此通过对输入地震波进行基线校准，对隔震层支座的残余变形进行了复核。02 地块 1#楼以右下角的 20 号支座 ERIL-S-G4-950-210 为例进行说明，表 8-36 为该支座经过各地震波作用后支座残余变形的统计结果。04 地块 7#楼以右上角的 20 号支座 ERIL-S-G4-800-180 为例，计算结果见表 8-37。

表 8-36　02 地块 1#楼角部支座 ERIL-S-G4-950-210 罕遇地震后支座残余变形

（单位：mm）

地震波	X 向	Y 向	合成方向	地震波	X 向	Y 向	合成方向
SHW-08X	1.479	1.228	1.922	SHW-10X	0.248	2.705	2.716
SHW-08Y	1.892	3.189	3.708	SHW-10Y	5.066	1.432	2.565
SHW-09X	14.950	0.433	14.956	SHW-11X	6.132	0.587	6.160
SHW-09Y	1.294	11.140	11.215	SHW-11Y	0.443	5.232	5.251

（续）

地震波	X 向	Y 向	合成方向	地震波	X 向	Y 向	合成方向
SHW-12X	11.720	10.940	16.033	SHW-14X	1.224	1.456	1.902
SHW-12Y	2.275	11.140	11.370	SHW-14Y	1.572	5.801	6.010
SHW-13X	10.560	4.042	11.307	均值	4.717	4.890	7.624
SHW-13Y	7.191	9.133	11.624				

表 8-37　04 地块 7#楼角部支座 ERIL-S-G4-800-180 罕遇地震后支座残余变形

（单位：mm）

地震波	X 向	Y 向	合成方向	地震波	X 向	Y 向	合成方向
SHW-08X	1.739	3.523	3.929	SHW-12X	18.410	15.550	24.098
SHW-08Y	2.393	0.933	2.568	SHW-12Y	14.110	17.740	22.667
SHW-09X	14.510	2.589	14.739	SHW-13X	8.332	7.868	11.460
SHW-09Y	0.522	7.024	7.043	SHW-13Y	2.737	13.560	13.833
SHW-10X	1.237	0.689	1.416	SHW-14X	2.422	3.103	3.936
SHW-10Y	5.019	1.004	5.118	SHW-14Y	0.769	4.082	4.154
SHW-11X	3.726	1.942	4.202	均值	5.667	5.977	8.892
SHW-11Y	3.415	4.077	5.318				

8.2.6　结论

1）02 地块 1#楼，为满足设防地震作用下上部结构降低一度设防进行设计的要求，调整支座类型后，隔震结构的最大水平向减震系数为 0.40，罕遇地震下的最大位移为 249mm，最大拉应力为 0.12MPa，最大压应力为 -18.29MPa，隔震层支座残余变形均值为 6.795mm，能较好地实现隔震目标。

2）04 地块 7#楼，为满足设防地震作用下上部结构降低一度设防进行设计的要求，调整支座类型与数量后，隔震结构的最大水平向减震系数为 0.36，罕遇地震下的最大位移为 255mm，最大拉应力为 -0.44MPa，最大压应力为 -20.26MPa，隔震层支座残余变形均值为 8.892mm，能较好地实现隔震目标。

3）对隔震前后模型的周期进行了校核，隔震后结构的周期约为隔震前结构周期的 2~3 倍，说明隔震前后的周期计算结果在合理范围内。

4）针对隔震结构，对铅芯橡胶支座在罕遇地震下提供的等效附加黏滞阻尼比进行了校核，02 地块 1#楼降低一度的隔震模型等效黏滞阻尼比为 0.21，04 地块 7#楼等效黏滞阻尼比为 0.18，说明隔震结构能提供较大的附加阻尼。

5）计算结果表明，大平台层底部一二层（此处层高偏高）形成了较大的刚度突变，易形成薄弱层，层刚度比限制超过了《抗规》3.4.3 条规定，采用隔震方案会较大程度地优化隔震层以下楼层的地震响应，但不能避免刚度突变问题。

8.3 上海徐泾地铁上盖工程（TRB 组合隔震）

8.3.1 工程概况与有限元模型

针对 8.2 节中的上海徐泾地铁上盖 04 地块 7#楼工程，采用叠层厚橡胶支座（Thick Rubber Bearings）隔震设计，设计方法为分部设计法，隔震设计目标为上部结构降低一度。有限元模型如图 8-19 所示。

8.3.2 地震动输入

《抗规》5.1.2 条规定：采用时程分析法时，应按建筑场地类别和设计地震分组选用实际强震记录和人工模拟的加速度时程，其中实际强震记录的数量不应少于总数的 2/3，多组时程的平均地震影响系数曲线应与振型分解反应谱法所采用的地震影响系数曲线在统计意义上相符。本例直接从《建筑抗震设计规程》（DGJ 08-9—2013）附录 A 中选取上海波 SHW01 至 SHW14，设防地震作用验算选取 7 条上海波 SHW01 至 SHW07（2 条人工波+5条天然波），按照地震峰值 100cm/s² 输入；罕遇地震作用验算选取 7 条上海波 SHW08 至 SHW14（2 条人工波+5 条天然波），按照地震峰值 200cm/s² 输入。

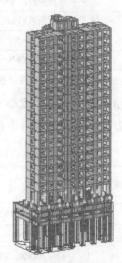

图 8-19 04 地块 7#楼
有限元模型

8.3.3 隔震支座设计与验算

1. 隔震支座布置

将 04 地块 7#楼的普通橡胶隔震支座替换为叠层厚橡胶隔震支座，并采用与间隙单元并联的方式考虑拉压非线性，进行了隔震时程分析。综合考虑叠层厚橡胶支座竖向压应力限值、水平减震需求、大震下水平位移及拉应力等要求，对叠层厚隔震橡胶支座进行了型号选择与布置，支座布置位置如图 8-20 所示，相应的支座参数见表 8-38。

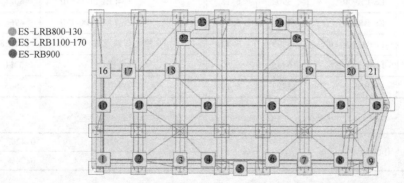

ES-LRB800-130
ES-LRB1100-170
ES-RB900

图 8-20 叠层厚橡胶支座布置图

2. 隔震层验算

在上述支座布置情况下，验算了叠层厚橡胶支座重力荷载代表值 "1.0 恒载+0.5 活载"

表 8-38　叠层厚橡胶支座性能参数

支 座 类 型	ES-LRB800-130	ES-LRB1100-170	ES-RB900
直径/mm	800	1100	900
铅芯尺寸/mm	130	170	—
橡胶层总厚度/mm	208	277.5	225
设计压应力/MPa	8	8	8
竖向刚度/(kN/mm)	1128	1516	1239
拉伸强度/MPa	1.0	1.0	1.0
水平屈服前刚度/(kN/mm)	17.077	24.196	—
水平屈服后刚度/(kN/mm)	1.314	1.861	1.529
屈服力/kN	106	181	—
水平等效刚度/(kN/mm)	1.822	2.513	1.529

注：水平等效刚度的设计基准剪应变为100%

作用下的压应力、偏心率和屈重比，见表 8-39 至表 8-41，各支座在重力荷载代表值下的压应力均小于支座的基准面压 8MPa，隔震层偏心率小于 3%，符合要求。

表 8-39　04 地块 7#楼叠层厚橡胶支座隔震层压应力验算

支座编号	支 座 类 型	轴向荷载/kN	压应力/MPa	支座编号	支 座 类 型	轴向荷载/kN	压应力/MPa
1	ES-LRB800-130	3568	7.10	15	ES-RB900	4584	7.21
2	ES-RB900	4210	6.62	16	—	—	—
3	ES-LRB800-130	3759	7.48	17	ES-LRB800-130	3648	7.26
4	ES-LRB1100-170	5657	5.95	18	ES-LRB800-130	3723	7.41
5	ES-RB900	4442	6.98	19	ES-LRB800-130	3659	7.28
6	ES-LRB1100-170	5700	6.00	20	ES-LRB800-130	3752	7.47
7	ES-LRB800-130	3695	7.35	21	—	—	—
8	ES-RB900	3895	6.12	22	ES-LRB1100-170	5046	5.31
9	ES-LRB800-130	3496	6.96	23	ES-LRB1100-170	6711	7.06
10	ES-RB900	3902	6.13	24	ES-LRB1100-170	6621	6.97
11	ES-RB900	4011	6.31	25	ES-LRB1100-170	4964	5.22
12	ES-LRB1100-170	6493	6.83	轴向荷载总和		105928	—
13	ES-LRB1100-170	6465	6.80	最大值		6711	7.48
14	ES-RB900	3927	6.17	平均值		4606	6.70

表 8-40　04 地块 7#楼叠层厚橡胶支座隔震层偏心率验算

偏心率	X 方向	0.42%
	Y 方向	0.24%

表 8-41　04 地块 7#楼叠层厚橡胶支座隔震层屈重比验算

轴向力总和/kN	隔震层屈服力/kN	屈 重 比
105928	2576	2.43%

3. 抗风承载力验算

根据《叠层橡胶支座隔震技术规程》（CECS 126：2001）4.3.4条：风荷载下隔震层水平剪力设计值应小于隔震层总屈服力，风荷载设计值的计算取荷载分项系数为1.4，《高层建筑混凝土结构技术规程》（JGJ 3—2010）4.2.2条规定高于60 m建筑风荷载调整系数取1.1，风荷载验算见表8-42，04地块7#楼叠层厚橡胶支座隔震抗风验算满足要求。

表8-42 04地块7#楼叠层厚橡胶支座风荷载验算 （单位：kN）

风荷载方向	标 准 值	设 计 值	隔震层屈服力
X	293	451	2576
Y	553	851	2576

4. 恢复力验算

隔震层恢复力验算结果见表8-43，根据《叠层橡胶支座隔震技术规程》4.3.6条：隔震层恢复力应大于屈服力设计值的1.4倍，由表可知叠层厚橡胶支座隔震层恢复力满足要求。

表8-43 04地块7#楼叠层厚橡胶支座恢复力验算

支座类型	水平等效刚度 K_h /(kN/mm)	数量 （个）	橡胶层总厚度 $T_r \times n$/mm	总恢复力/kN	隔震层屈服力 设计值/kN
ES-LRB800-130	1.822	8	208		
ES-LRB1100-170	2.513	8	277.5	11019	2576×1.4 = 3606.4
ES-RB900	1.529	7	225		

8.3.4 设防地震作用验算

04地块7#楼固接结构、普通橡胶支座隔震后和叠层厚橡胶支座隔震后三种结构形式的第一阶周期对比见表8-44。由表8-44可以看出叠层厚橡胶支座隔震，在竖向对结构周期的延长比普通橡胶支座隔震更加明显。

表8-44 隔震前后周期对比 （单位：s）

方向	固接结构周期	普通橡胶支座 隔震后周期	叠层厚橡胶支座 隔震后周期
水平向一阶	1.273	3.148	3.202
竖向一阶	0.136	0.162	0.186

按照7度设防100cm/s^2加速度峰值输入，采用模型中原有的7条上海波SHW01至SHW07，分别对固接结构和叠层厚橡胶支座隔震结构进行了中震时程分析，只考虑隔震层以上结构的减震效果，下列图表中楼层号以隔震层以上一层记为第一层。所有楼层减震系数均小于0.4，满足降低一度设计的要求。时程均值结果简要整理如图8-21~图8-25和表8-45~表8-47所示。

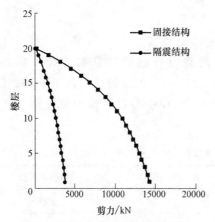

图 8-21　04 地块 7#楼 *X* 向层剪力

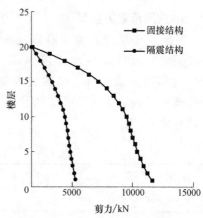

图 8-22　04 地块 7#楼 *Y* 向层剪力

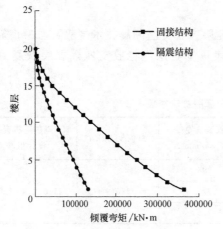

图 8-23　04 地块 7#楼 *X* 向倾覆弯矩

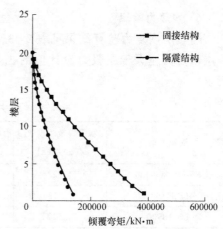

图 8-24　04 地块 7#楼 *Y* 向倾覆弯矩

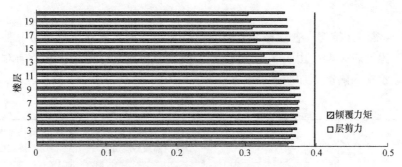

图 8-25　04 地块 7#楼叠层厚橡胶支座隔震减震系数分布情况

表 8-45　04 地块 7#楼叠层厚橡胶支座隔震 *X* 向计算结果

楼层	叠层厚隔震结构		固接结构		减震系数	
	层剪力/kN	倾覆弯矩/kN·m	层剪力/kN	倾覆弯矩/kN·m	层剪力	倾覆弯矩
1	4009	133760	14309	365186	0.28	0.37
2	3800	119110	14007	321555	0.27	0.37
3	3675	110265	13747	297026	0.27	0.37

（续）

楼层	叠层厚隔震结构		固接结构		减震系数	
	层剪力/kN	倾覆弯矩/kN·m	层剪力/kN	倾覆弯矩/kN·m	层剪力	倾覆弯矩
4	3553	101423	13437	272517	0.26	0.37
5	3430	92599	13090	248314	0.26	0.37
6	3300	83976	12696	224483	0.26	0.37
7	3171	75467	12277	200967	0.26	0.38
8	3027	67100	11861	178034	0.26	0.38
9	2877	58873	11419	157073	0.25	0.37
10	2717	50859	10917	136417	0.25	0.37
11	2538	43141	10331	116371	0.25	0.37
12	2348	35803	9659	97103	0.24	0.37
13	2145	28913	8874	78829	0.24	0.37
14	1918	22548	7975	61818	0.24	0.36
15	1666	16815	6964	46308	0.24	0.36
16	1392	11773	5845	32559	0.24	0.36
17	1097	7496	4624	20825	0.24	0.36
18	782	4077	3305	11372	0.24	0.36
19	447	1606	1902	4493	0.24	0.36
20	53	170	230	479	0.23	0.35

表 8-46　04 地块 7#楼叠层厚橡胶支座隔震 Y 向计算结果

楼层	叠层厚隔震结构		固接结构		减震系数	
	层剪力/kN	倾覆弯矩/kN·m	层剪力/kN	倾覆弯矩/kN·m	层剪力	倾覆弯矩
1	4227	136128	11755	385229	0.36	0.35
2	4070	118697	11229	344138	0.36	0.34
3	3972	108505	10864	319119	0.37	0.34
4	3871	98650	10528	294064	0.37	0.34
5	3778	89029	10232	269022	0.37	0.33
6	3717	79668	9990	244033	0.37	0.33
7	3638	70605	9752	219169	0.37	0.32
8	3533	61874	9570	194798	0.37	0.32
9	3404	53523	9412	171070	0.36	0.31
10	3250	45599	9198	148049	0.35	0.31
11	3076	38150	8882	126061	0.35	0.30
12	2876	31227	8469	105029	0.34	0.30
13	2645	24875	7960	85110	0.33	0.29
14	2381	19146	7312	66540	0.33	0.29
15	2085	14091	6523	49632	0.32	0.28
16	1761	9733	5588	34710	0.32	0.28

（续）

楼层	叠层厚隔震结构		固接结构		减震系数	
	层剪力/kN	倾覆弯矩/kN·m	层剪力/kN	倾覆弯矩/kN·m	层剪力	倾覆弯矩
17	1405	6116	4507	22059	0.31	0.28
18	1013	3283	3283	11964	0.31	0.27
19	587	1276	1918	4697	0.31	0.27
20	69	133	229	502	0.30	0.26

表 8-47　04 地块 7#楼叠层厚橡胶支座隔震减震系数包络值

楼层	X 向减震系数		Y 向减震系数		包络值	楼层	X 向减震系数		Y 向减震系数		包络值
	层剪力	倾覆弯矩	层剪力	倾覆弯矩			层剪力	倾覆弯矩	层剪力	倾覆弯矩	
1	0.28	0.37	0.36	0.35	0.37	11	0.25	0.37	0.35	0.30	0.37
2	0.27	0.37	0.36	0.34	0.37	12	0.24	0.37	0.34	0.30	0.37
3	0.27	0.37	0.37	0.34	0.37	13	0.24	0.37	0.33	0.29	0.37
4	0.26	0.37	0.37	0.34	0.37	14	0.24	0.36	0.33	0.29	0.36
5	0.26	0.37	0.37	0.33	0.37	15	0.24	0.36	0.32	0.28	0.36
6	0.26	0.37	0.37	0.33	0.37	16	0.24	0.36	0.32	0.28	0.36
7	0.26	0.38	0.37	0.32	0.38	17	0.24	0.36	0.31	0.28	0.36
8	0.26	0.38	0.37	0.32	0.38	18	0.24	0.36	0.31	0.27	0.36
9	0.25	0.37	0.36	0.31	0.37	19	0.24	0.36	0.31	0.27	0.36
10	0.25	0.37	0.35	0.31	0.37	20	0.23	0.35	0.30	0.26	0.35

8.3.5　罕遇地震作用验算

按照地震峰值 200cm/s² 输入，地震波考虑特征周期（中震 0.9s，大震 1.1s）选用上海波 SHW08 至 SHW14 共 7 条波进行罕遇地震时程分析，检验叠层厚橡胶支座隔震结构在罕遇烈度地震作用下的隔震层响应。

1. 隔震层水平位移验算

对 SHW08 至 SHW14 共 7 条上海波作用下的隔震层最大平均水平位移进行分析，结果见表 8-48 和表 8-49。《建筑抗震设计规程》（DGJ 08-9—2013）规定，支座的水平位移限值不应超过支座有效直径的 0.5 倍和支座内部橡胶层总厚度 2.0 倍两者的较小值。对于 04 地块 7#楼，采用叠层厚橡胶支座隔震后位移最大值为 248mm，位移限值为 min{0.5×（800-130）= 335,2×208 = 416} mm。由计算结果可知，隔震层在罕遇烈度下的位移满足要求。

表 8-48　04 地块 7#楼叠层厚橡胶支座隔震 X 向罕遇烈度作用下隔震层最大位移

（单位：mm）

支座编号	SHW08	SHW09	SHW10	SHW11	SHW12	SHW13	SHW14	平均值
1	170	221	149	211	264	324	396	248
2	170	221	149	211	264	324	396	248
3	170	221	149	211	264	324	396	248

（续）

支座编号	SHW08	SHW09	SHW10	SHW11	SHW12	SHW13	SHW14	平均值
4	170	221	149	211	264	324	396	248
5	171	221	149	212	264	325	397	248
6	170	221	149	211	264	324	396	248
7	171	221	149	211	264	324	396	248
8	171	221	149	211	264	324	396	248
9	170	221	149	211	264	324	396	248
10	170	215	148	208	260	322	394	245
11	170	215	148	208	260	322	394	245
12	170	215	148	208	260	322	394	245
13	170	215	148	208	260	322	394	245
14	170	215	148	208	260	322	394	245
15	170	215	148	208	260	322	394	245
16	—	—	—	—	—	—	—	—
17	169	211	147	206	258	321	393	244
18	169	211	147	206	258	321	393	244
19	169	212	147	206	258	321	393	244
20	169	212	147	205	258	321	393	244
21	—	—	—	—	—	—	—	—
22	169	208	146	203	256	320	391	242
23	169	207	145	202	255	319	391	241
24	169	206	145	202	255	319	391	241
25	169	208	146	203	256	320	391	242
支座最大平均位移								248

表 8-49　04 地块 7#楼叠层厚橡胶支座隔震 Y 向罕遇烈度作用下隔震层最大位移

（单位：mm）

支座编号	SHW08	SHW09	SHW10	SHW11	SHW12	SHW13	SHW14	平均值
1	180	203	125	201	252	300	401	237
2	179	205	126	202	254	305	399	239
3	177	208	128	204	256	310	396	240
4	176	209	129	205	257	314	395	241
5	175	212	130	206	258	318	392	242
6	174	214	131	208	260	322	390	243
7	173	216	132	209	261	327	388	244
8	172	218	133	211	263	331	386	245
9	171	220	135	212	265	335	384	246
10	179	202	125	201	252	300	401	237

（续）

支座编号	SHW08	SHW09	SHW10	SHW11	SHW12	SHW13	SHW14	平均值
11	178	205	126	202	254	304	399	238
12	176	209	129	205	257	314	394	241
13	174	213	131	208	260	322	390	243
14	172	218	133	211	263	331	386	245
15	170	220	135	212	265	336	383	246
16	—	—	—	—	—	—	—	—
17	179	205	126	202	253	303	400	238
18	178	207	127	203	255	309	397	239
19	173	216	133	209	261	327	388	244
20	171	219	134	211	263	333	385	245
21	—	—	—	—	—	—	—	—
22	178	208	128	204	255	311	397	240
23	177	210	129	204	256	314	396	241
24	175	215	132	208	260	324	391	244
25	174	216	133	208	261	326	389	244
支座最大平均位移								246

2. 隔震支座应力验算

隔震支座拉应力验算采用以重力工况为前置工况的三向地震作用计算结果，计算结果见表 8-50 至表 8-51，表中支座受力的正负号按习惯规定为拉正压负。《建筑抗震设计规程》（DGJ 08-9—2013）规定，叠层厚橡胶支座隔震在罕遇地震的水平和竖向地震共同作用下，拉应力不应大于 0.50MPa。支座拉应力最大值为 -0.76MPa，满足规范要求。

表 8-50　04 地块 7#楼叠层厚橡胶支座隔震 X 向罕遇烈度作用下隔震层最大拉应力

编号	支座拉力/kN							直径/mm	平均拉应力/MPa
	SHW08	SHW09	SHW10	SHW11	SHW12	SHW13	SHW14		
1	1090	-905	-1259	-1699	77	44	-868	800	-1.00
2	1059	-2055	-2166	-2299	-281	-562	-1337	900	-1.72
3	1009	-1909	-2149	-2042	-622	-854	-1251	800	-2.22
4	1420	-2817	-3245	-2956	-952	-1296	-1779	1100	-1.75
5	1292	-1779	-2416	-1814	-469	-843	-411	900	-1.45
6	1513	-3012	-3794	-2501	-2120	-1931	-651	1100	-1.88
7	1288	-1983	-2483	-1576	-1417	-1170	-185	800	-2.14
8	1662	-2050	-2612	-1248	-1441	-733	80	900	-1.42
9	1737	-1554	-2120	-388	-589	19	208	800	-0.76
10	1498	-2247	-2687	-2114	-1905	-1184	-123	900	-1.97
11	1186	-2816	-3056	-3102	-2897	-2250	-2132	900	-3.38

（续）

编号	支座拉力/kN							直径/mm	平均拉应力/MPa
	SHW08	SHW09	SHW10	SHW11	SHW12	SHW13	SHW14		
12	965	-4950	-5214	-5488	-4575	-4580	-4825	1100	-4.31
13	970	-5404	-5710	-4729	-4714	-4508	-4052	1100	-4.23
14	1133	-2955	-3160	-2613	-2543	-2282	-2121	900	-3.27
15	1392	-2547	-2986	-2557	-1895	-1339	-1701	900	-2.61
16	—	—	—	—	—	—	—	—	—
17	1719	-1963	-2577	-1174	-1106	-337	227	800	-1.48
18	1418	-2720	-2946	-2241	-2115	-1704	8	800	-2.93
19	853	-2387	-2643	-2493	-1758	-1735	-2358	800	-3.56
20	1091	-1843	-2249	-1941	-622	-640	-1483	800	-2.19
21	—	—	—	—	—	—	—	—	—
22	2483	-2432	-3360	-1593	-1417	-349	473	1100	-0.93
23	2686	-2705	-4105	-2095	-1734	-402	582	1100	-1.17
24	2007	-2658	-4055	-2500	-857	-736	136	1100	-1.30
25	1692	-2400	-3025	-2226	-673	-644	-940	1100	-1.24
支座最大平均拉应力									-0.76

表 8-51　04 地块 7#楼叠层厚橡胶支座隔震 Y 向罕遇烈度作用下隔震层最大拉应力

编号	支座拉力/kN							直径/mm	平均拉应力/MPa
	SHW08	SHW09	SHW10	SHW11	SHW12	SHW13	SHW14		
1	-2003	-908	-914	-1738	-127	86	-731	800	-1.80
2	-2523	-1550	-1800	-2493	-1135	-608	-697	900	-2.43
3	-2281	-1525	-1873	-2233	-1346	-811	-409	800	-2.98
4	-3350	-2245	-2868	-3261	-2063	-1185	-212	1100	-2.28
5	-1600	-1409	-2284	-1939	-1600	-563	166	900	-2.07
6	-2087	-2845	-3799	-2896	-2141	-1597	114	1100	-2.29
7	-1295	-1898	-2503	-1869	-1342	-965	144	800	-2.76
8	-961	-2072	-2600	-1671	-1045	-488	335	900	-1.91
9	-195	-1872	-1961	-845	-329	48	505	800	-1.32
10	-2279	-2113	-2977	-1835	-1418	-1629	-551	900	-2.87
11	-3177	-2853	-3144	-3097	-2433	-2337	-2454	900	-4.38
12	-5612	-5229	-5168	-5554	-4633	-4250	-5005	1100	-5.33
13	-4810	-5592	-5651	-5025	-4779	-4528	-3104	1100	-5.03
14	-2935	-3159	-3354	-2863	-2722	-2466	-1303	900	-4.22
15	-3051	-2953	-3296	-2749	-2084	-2081	-1181	900	-3.91
16	—	—	—	—	—	—	—	—	—
17	-983	-1594	-2494	-948	-694	-111	142	800	-1.90

（续）

编号	支座拉力/kN							直径/mm	平均拉应力/MPa
	SHW08	SHW09	SHW10	SHW11	SHW12	SHW13	SHW14		
18	-2220	-2659	-3070	-2014	-2134	-1655	-477	800	-4.04
19	-2487	-2247	-2674	-2507	-1989	-2000	-2253	800	-4.59
20	-1742	-1077	-2121	-1892	-1155	-529	-1594	800	-2.87
21	—	—	—	—	—	—	—	—	—
22	-1188	-1690	-3331	-1305	-651	7	310	1100	-1.18
23	-1223	-1217	-4082	-1866	-281	35	376	1100	-1.24
24	-1888	-710	-3531	-1986	-831	119	5	1100	-1.33
25	-2030	-982	-2643	-2047	-1442	10	-1261	1100	-1.56
支座最大平均拉应力									-1.18

隔震支座压应力验算采用以重力工况为前置工况的三向地震作用计算结果，结果见表8-52和表8-53。罕遇地震作用下，橡胶支座压应力应小于基准面压的2倍和24MPa中的较小值，本工程采用叠层厚橡胶支座的基准面压均为8MPa，因此叠层厚橡胶支座压应力需小于16MPa，由表8-52和表8-53可知，压应力最大值为13.07MPa，满足要求。

表 8-52　04 地块 7#楼叠层厚橡胶支座隔震 X 向罕遇烈度作用下隔震层最大压应力

编号	支座压力/kN							直径/mm	平均压应力/MPa
	SHW08	SHW09	SHW10	SHW11	SHW12	SHW13	SHW14		
1	-2828	-5805	-5416	-5535	-7091	-6953	-5809	800	-11.21
2	-2301	-6091	-5755	-6230	-7397	-7370	-6739	900	-9.41
3	-2057	-5365	-4887	-5477	-6281	-6308	-6181	800	-10.39
4	-3089	-8133	-7313	-8258	-9438	-9502	-9566	1100	-8.31
5	-2630	-6852	-6003	-6873	-7583	-7825	-9218	900	-10.55
6	-3414	-8251	-7351	-8753	-8953	-9891	-11611	1100	-8.75
7	-2601	-5353	-4767	-5715	-5862	-6471	-7619	800	-10.91
8	-3770	-5747	-5082	-6351	-6518	-7257	-8689	900	-9.75
9	-4741	-5356	-4807	-6242	-6410	-7242	-8878	800	-12.41
10	-2746	-5397	-5092	-6279	-6358	-6482	-7038	900	-8.85
11	-2278	-5027	-4827	-5214	-5371	-5707	-5682	900	-7.66
12	-3657	-7788	-7506	-7667	-8343	-8484	-7964	1100	-7.73
13	-3626	-7424	-7198	-7827	-7991	-8305	-9009	1100	-7.72
14	-2220	-5036	-4786	-4887	-5004	-5639	-5940	900	-7.53
15	-2624	-7032	-6500	-6270	-7159	-7810	-7778	900	-10.14
16	—	—	—	—	—	—	—	—	—
17	-3039	-5339	-4767	-6349	-6067	-6769	-7687	800	-11.37
18	-2169	-4838	-4502	-5514	-5484	-5747	-6230	800	-9.80

（续）

编号	支座压力/kN							直径/mm	平均压应力/MPa
	SHW08	SHW09	SHW10	SHW11	SHW12	SHW13	SHW14		
19	-2116	-5191	-4928	-4704	-5718	-5652	-5083	800	-9.49
20	-2222	-6004	-5758	-5563	-7362	-7201	-6350	800	-11.50
21	—	—	—	—	—	—	—	—	—
22	-3466	-7706	-6868	-8751	-8625	-9365	-10682	1100	-8.34
23	-4267	-11007	-9788	-11425	-12586	-12279	-14137	1100	-11.35
24	-4110	-11110	-10271	-10962	-13779	-13227	-12923	1100	-11.48
25	-2949	-7937	-7692	-7744	-10131	-9815	-8961	1100	-8.30

表 8-53　04 地块 7#楼叠层厚橡胶支座隔震 Y 向罕遇烈度作用下隔震层最大压应力

编号	支座压力/kN							直径/mm	平均压应力/MPa
	SHW08	SHW09	SHW10	SHW11	SHW12	SHW13	SHW14		
1	-5831	-6386	-5427	-5638	-6577	-6831	-5838	800	-12.09
2	-6382	-7086	-5945	-6286	-6826	-7635	-6823	900	-10.55
3	-5560	-6212	-5143	-5601	-5957	-6718	-6193	800	-11.76
4	-8495	-9408	-7718	-8512	-9129	-10219	-9461	1100	-9.46
5	-7523	-7899	-6105	-7286	-8120	-8712	-8838	900	-12.24
6	-9260	-9124	-7341	-8947	-9837	-10235	-11155	1100	-9.91
7	-6023	-5886	-4757	-5866	-6389	-6669	-7321	800	-12.20
8	-6615	-6231	-5119	-6595	-6991	-7439	-8318	900	-10.62
9	-6403	-5686	-4796	-6590	-6709	-7367	-8439	800	-13.07
10	-5975	-5208	-5028	-5889	-6172	-6368	-7925	900	-9.56
11	-4795	-4774	-4594	-4991	-5211	-5407	-5740	900	-7.97
12	-7590	-7711	-7378	-7630	-8159	-8095	-7962	1100	-8.20
13	-7810	-7570	-7082	-8076	-8008	-8329	-8814	1100	-8.37
14	-4771	-5062	-4667	-4958	-5460	-5370	-5550	900	-8.05
15	-6133	-6735	-6541	-6253	-7500	-7991	-7301	900	-10.88
16	—	—	—	—	—	—	—	—	—
17	-6560	-5204	-4928	-5916	-6441	-7018	-8611	800	-12.70
18	-5504	-4616	-4603	-5242	-5470	-5797	-6958	800	-10.85
19	-4502	-4998	-5077	-4624	-5550	-5907	-4983	800	-10.13
20	-5265	-6266	-6055	-5369	-6790	-7218	-6645	800	-12.39
21	—	—	—	—	—	—	—	—	—
22	-9122	-7706	-6813	-8103	-9025	-9717	-11868	1100	-9.37
23	-12102	-11371	-9838	-11029	-12033	-12802	-15945	1100	-12.80
24	-10636	-11933	-10728	-10551	-11944	-13513	-14995	1100	-12.67
25	-7312	-8633	-8142	-7324	-9085	-9851	-9886	1100	-9.05

3. 隔震支座残余变形验算

《建筑抗震设计规程》（DGJ 08-9—2013）12.2.2 条规定，一般情况下进行时程分析时，输入地震波应为已消除基线漂移的地震波。本工程隔震时程分析所用的地震波 SHW08 至 SHW14 均未经过基线校准的处理，因此通过对输入地震波进行基线校准，对叠层厚橡胶隔震层支座的残余变形进行了复核。采用叠层厚橡胶支座隔震方案的 04 地块 7#楼以右上角的 20 号支座 ES-LRB800-130 为例，对罕遇地震作用后支座的残余变形结果进行统计，结果见表 8-54。

表 8-54　04 地块 7#楼 20 号支座 ES-LRB800-130 罕遇地震后支座残余变形

（单位：mm）

地震波	X 向	Y 向	合成方向	地震波	X 向	Y 向	合成方向
SHW-08X	1.267	9.136	9.223	SHW-12X	11.310	4.881	12.318
SHW-08Y	4.405	0.243	4.412	SHW-12Y	3.376	1.070	3.542
SHW-09X	1.328	0.285	1.358	SHW-13X	8.649	2.743	9.074
SHW-09Y	2.553	0.168	2.559	SHW-13Y	2.762	14.920	15.173
SHW-10X	0.669	1.183	1.359	SHW-14X	4.625	0.991	4.730
SHW-10Y	3.042	1.484	3.385	SHW-14Y	0.780	4.378	4.447
SHW-11X	3.902	2.641	4.712	均值	3.498	3.487	5.786
SHW-11Y	0.305	4.700	4.710				

8.3.6　叠层厚橡胶支座隔震评估

1. 振动时程输入

分别对固接结构、普通橡胶支座隔震结构和叠层厚橡胶支座隔震结构输入峰值为 $10g$ 的人工模拟振动加速度波，该输入波的时程与频谱如图 8-26 所示，采用三向输入的方式进行振动时程分析。

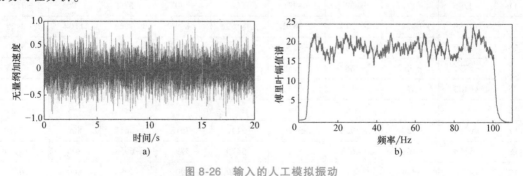

图 8-26　输入的人工模拟振动

a）人工模拟振动加速度波　b）人工模拟振动加速度频谱

2. 加速度谱频率计权评价方法

对固接结构、普通橡胶支座隔震结构和叠层厚橡胶支座隔震结构的时程计算结果进行振动评价采用加速度频谱计权的方法时，频率计权采用式（8-1）进行计算，计权取值采用图 8-27 中的计权曲线。通过将计权后 X、Y 和 Z 向的加速度均方根值按照式（8-2）进行合成，得到用于振动舒适度评价的振动总量值 a_v。

$$a_w = \left[\sum_i (W_i a_i)^2\right]^{\frac{1}{2}} \qquad (8\text{-}1)$$

式中　a_w——频率计权加速度；

W_i——给定的第 i 个 1/3 倍频程计权因子；

a_i——第 i 个 1/3 倍频程均方根加速度。

正交坐标系下的振动所决定的计权均根加速度的振动总量按下式计算：

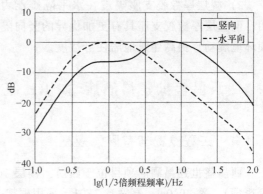

图 8-27　振动评价频率计权曲线

$$a_v = \left(k_x^2 a_{wx}^2 + k_y^2 a_{wy}^2 + k_z^2 a_{wz}^2\right)^{\frac{1}{2}} \qquad (8\text{-}2)$$

式中　a_{wx}、a_{wy}、a_{wz}——正交于坐标轴 X、Y、Z 上的计权均方根加速度；

k_x、k_y、k_z——方向因素，对舒适度进行评价时均取值为 1.0。

固接结构、普通橡胶支座隔震结构和叠层厚橡胶支座隔震结构的人工模拟振动舒适度评价如图 8-28 所示，ISO2631-1 标准建议的阈值为 0.01 m/s²。可知，固接结构的振动总量超过了 0.01 m/s²，说明该结构的振动反应较为明显；采用普通橡胶支座隔震对振动进行了有效的削弱，振动总量有明显的减小，但在该结构顶部的振动总量仍略微高于建议的阈值；叠层厚橡胶支座隔震结构在普通橡胶支座隔震的基础上对振动进一步隔离与削弱，振动总量满足了 ISO2631-1 建议的阈值要求。

8.3.7　结论

1）04 地块 7#楼采用叠层厚橡胶支座的补充计算分析表明，隔震结构的最大水平向减震系数为 0.38，罕遇地震下的最大位移为 248mm，最大拉应力为 -0.76MPa，最大压应力为 -13.07MPa，隔震层支座残余变形均值为 5.786mm。

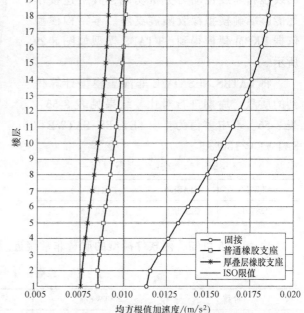

图 8-28　振动评价频率计权曲线

采用普通橡胶支座隔震虽然对振动进行了削弱，但在结构顶部的振动总量仍略微高于《机械振动和冲击—人体处于全身振动的评价　第 1 部分：一般要求》（ISO 2631-1）建议阈值；叠层厚橡胶支座隔震结构对振动进一步有效隔离与削弱，振动总量满足阈值要求，能较好地实现水平隔震和竖向减振的目标。

2）叠层厚橡胶支座隔震在水平隔震能力上与普通橡胶支座隔震起到了基本相同的作用，但叠层厚橡胶支座具有更加优异的竖向隔震能力，能更有效地隔离结构正常使用中的高频环境震动，提高建筑地居住舒适度。

8.4　西昌盛世建昌酒店（LRB 组合隔震）

8.4.1　工程概况与有限元模型

西昌盛世建昌酒店项目位于西昌，楼层 16 层，隔震层 1 层，建筑结构高度 60.3m（含隔震层），宽 30.0m，高宽比 2.01，采用框架-筒体结构形式。该项目属于标准设防类，丙类建筑，抗震设防烈度 9 度，设计基本地震加速度峰值为 0.4g，设计地震分组第二组，II 类场地，场地特征周期 0.4s。采用分部设计法，隔震设计目标为上部结构降低一度。

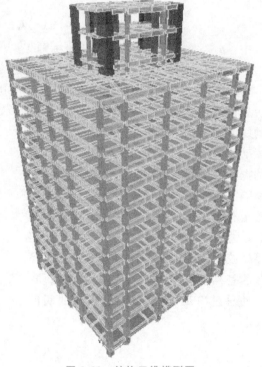

本工程使用大型有限元软件 ETABS 建立隔震与非隔震结构模型，并进行计算与分析。ETABS 软件具有方便灵活的建模功能和强大的线性和非线性动力分析功能，其中连接单元能够准确模拟橡胶隔震支座。本结构模型依据 PKPM 建模得到。ETABS 模型如图 8-29 所示。

将 EATBS 和 SATWE 非隔震模型计算得到的质量、周期进行对比，结果见表 8-55 ~ 表 8-56。表中差值为：（|ETABS−SATWE|/ SATWE）×100%。

表 8-55　非隔震结构质量对比

SATWE/t	ETABS/t	差值（%）
22287.1	22320.5	0.15

图 8-29　结构三维模型图

由表 8-55 可知，两软件模型的质量非常接近。

表 8-56　非隔震结构周期对比

阶数	SATWE/s	ETABS/s	差值（%）
1	1.2087	1.2007	0.66
2	1.1437	1.1887	3.93
3	1.0040	1.0097	0.57

由表 8-56 可知，两软件模型的前三阶模态的自振周期也非常接近。

由表 8-55、表 8-56 可知，ETABS 模型与 SATWE 模型的结构质量、周期差异都很小。综上所述，用于本工程隔震分析计算的 ETABS 模型与 SATWE 模型是一致的。

8.4.2　地震动输入

《抗规》5.1.2 条规定：采用时程分析法时，应按建筑场地类别和设计地震分组选用实际强震记录和人工模拟的加速度时程，其中实际强震记录的数量不应少于总数的 2/3，多组时程的平均地震影响系数曲线应与振型分解反应谱法所采用的地震影响系数曲线在统计意义上相符。弹性时程分析时，每条时程计算的结构底部剪力不应小于振型分解反应谱计算结果的 65%，多条时程计算的结构底部剪力的平均值不应小于振型分解反应谱法计算结果的 80%。

本工程选取了实际 5 条强震记录和 2 条人工模拟加速度时程，地震动信息见表 8-57，7 条时程曲线如图 8-30 所示。

表 8-57　各加速度记录地震动特性参数

编号	名　称	地震名称	发生时间	台站	持时/s	步长/s
WAV04-1	El Centro-NS	Imperial Valley	1940	El Centro	30.00	0.02
WAV04-2	NGA_no_2958_CHY054-N	Chi-Chi,Taiwan-05	1999	CHY054	74.98	0.02
WAV04-3	NGA_no_187_H-PTS225	Imperial Valley-06	1979	Parachute Test Site	39.30	0.02
WAV04-4	CPC_TOPANGA CANYON_74_nor	NORTHRIDGE	1994	CANOGA PARK	55.56	0.02
WAV04-5	NGA_no_949_ARL360	Northridge-01	1994	Arleta-Nordhoff Fire Sta	39.94	0.02
WAV04-6	人工波 04-1	—	—		30.00	0.02
WAV04-7	人工波 04-2	—	—		30.00	0.02

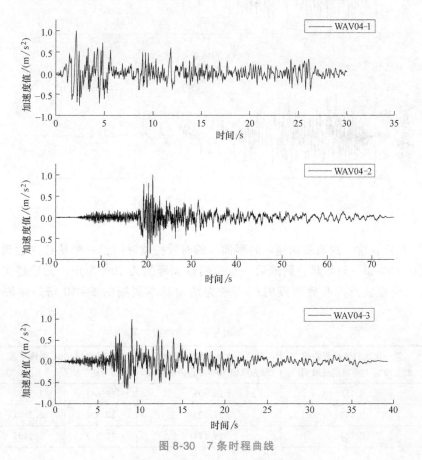

图 8-30　7 条时程曲线

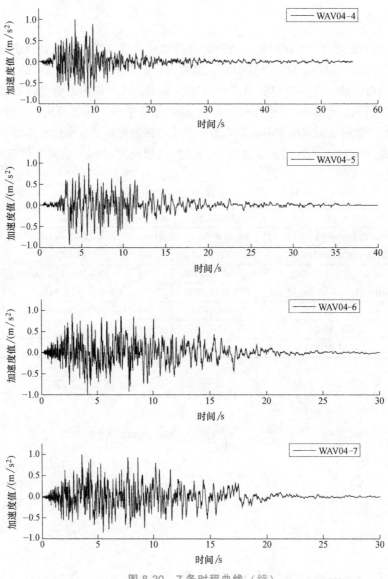

图 8-30 7 条时程曲线（续）

《抗规》规定：输入的地震加速度时程曲线的有效持续时间，一般从首次达到该时程曲线最大峰值的 10% 那一刻算起，到最后一点达到最大峰值的 10% 为止；无论是实际的强震记录还是人工模拟波形，有效持续时间一般为结构基本周期的 5~10 倍。详细情况见表8-58。

表 8-58　7 条时程反应谱持续时间

时程名称	第一次达到该时程曲线最大峰值 10% 对应的时间/s	最后一次达到该时程曲线最大峰值 10% 对应的时间/s	有效持续时间/s	结构周期/s	比值
WAV04-1	0.756	20.403	19.647	3.2407	6.1
WAV04-2	0.679	21.209	20.530	3.2407	6.3
WAV04-3	0.861	29.174	28.313	3.2407	8.7

（续）

时程名称	第一次达到该时程曲线最大峰值10%对应的时间/s	最后一次达到该时程曲线最大峰值10%对应的时间/s	有效持续时间/s	结构周期/s	比值
WAV04-4	17.740	56.905	39.165	3.2407	12.1
WAV04-5	7.861	54.824	46.963	3.2407	14.5
WAV04-6	2.302	28.746	26.444	3.2407	8.2
WAV04-7	2.164	24.213	22.049	3.2407	6.8

由表8-58可知，满足《抗规》规定。

8度小震下各时程分析与振型分解反应谱法得到的结构基底剪力之比结果见表8-59，满足《抗规》要求。

表 8-59　非隔震结构基底剪力

工况	剪力/kN		比例		工况	剪力/kN		比例	
	X向	Y向	X向	Y向		X向	Y向	X向	Y向
反应谱	12335	12212	100%	100%	WAV04-5	11190	10599	91%	87%
WAV04-1	9950	9696	81%	79%	WAV04-6	12636	14411	102%	118%
WAV04-2	10204	10042	83%	82%	WAV04-7	10083	10345	82%	85%
WAV04-3	11931	10993	97%	90%	时程均值	10694	10659	87%	87%
WAV04-4	8864	8526	72%	70%					

7条时程反应谱和规范反应谱曲线如图8-31所示，由图8-31可知，各时程平均反应谱与规范反应谱较接近。

8.4.3　隔震支座设计与验算

1. 隔震支座布置

本工程采用的橡胶隔震支座，在选择其直径、个数和平面布置时，主要考虑了以下因素：

1）根据《抗规》12.2.3条，同一隔震层内各个橡胶隔震支座的竖向压应力宜均匀，竖向平均应力不应超过丙类建筑的限值15MPa。

2）在罕遇地震作用下，隔震支座不宜出现拉应力，当少数隔震支座出现拉应力时，其拉应力不应大于1MPa。

3）在罕遇地震作用下，隔震支座的极限水平变位应小于其有效直径的0.55倍和各橡胶层总厚度3倍二者的较小值。

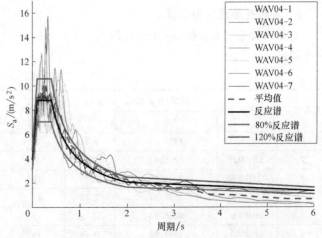

图 8-31　7条时程反应谱和规范反应谱曲线

本工程共使用了 46 个支座，各类型支座数量及力学性能详见表 8-60。隔震支座平面布置如图 8-32 所示。隔震结构屈重比为 2.4%。

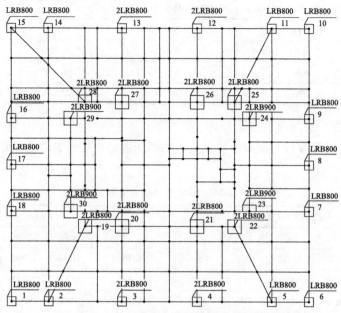

图 8-32　隔震支座编号及平面布置图

表 8-60　有铅芯隔震支座力学性能参数

类别	符号	单位	LRB800	LRB900	类别	符号	单位	LRB800	LRB900
使用数量	N	套	38	8	屈服前刚度	K_u	kN/mm	17.55	18.85
第一形状系数 S_1	S_1	—	≥15	≥15	屈服后刚度	K_d	kN/mm	1.34	1.45
第二形状系数 S_2	S_2	—	≥5	≥5	屈服力	Q_d	kN	110	140
竖向刚度	K_v	kN/mm	3300	3800	橡胶层总厚度	T_r	mm	≥148	≥165
等效水平刚度 （剪应变）	K_{eq}	kN/mm	2.00 （100%）	2.30 （100%）	支座总高度	H	mm	384	333

2. 隔震支座压应力验算

荷载组合为"1.0 恒载 +0.5 活载"，由表 8-61 可知，支座压应力较小，支座有足够的安全储备。

表 8-61　支座压应力验算

支座编号	支座类型	1.0 恒载 +0.5 活载 P/kN	压应力 /MPa	支座编号	支座类型	1.0 恒载 +0.5 活载 P/kN	压应力 /MPa
1	LRB800	4954.17	9.86	8	LRB800	5939.88	11.82
2	LRB800	6205.61	12.35	9	LRB800	6557.04	13.05
3	2LRB800	7851.38	7.81	10	LRB800	4823.76	9.60
4	2LRB800	7838.19	7.80	11	LRB800	6324.68	12.59
5	LRB800	6236.84	12.41	12	2LRB800	7852.90	7.82
6	LRB800	4864.58	9.68	13	2LRB800	7893.98	7.86
7	LRB800	6656.09	13.25	14	LRB800	6257.27	12.45

（续）

支座编号	支座类型	1.0 恒载+0.5 活载 P/kN	压应力 /MPa	支座编号	支座类型	1.0 恒载+0.5 活载 P/kN	压应力 /MPa
15	LRB800	4953.99	9.86	23	2LRB900	10441.22	8.21
16	LRB800	6481.46	12.90	24	2LRB900	10367.46	8.15
17	LRB800	5997.25	11.94	25	2LRB800	4918.94	4.90
18	LRB800	6707.40	13.35	26	2LRB800	11685.72	11.63
19	2LRB800	5152.02	5.13	27	2LRB800	11552.24	11.50
20	2LRB800	11543.00	11.49	28	2LRB800	4692.74	4.67
21	2LRB800	11520.15	11.47	29	2LRB900	10568.19	8.31
22	2LRB800	4921.61	4.90	30	2LRB900	11047.71	8.69

3. 抗风承载力验算

隔震层在风荷载下的最大层剪力为 1486kN。

根据《抗规》12.1.3 条，采用隔震的结构风荷载产生的总水平力不宜超过结构总重力的 10%，本结构总重力为 223205kN，满足要求。

隔震层必须具备足够的屈服前刚度和屈服承载力，以满足风荷载和微振动的要求。《叠层橡胶支座隔震技术规程》（CECS 126：2001）4.3.4 条规定，抗风装置应按下式进行验算：$\gamma_{w} V_{wk} \leqslant V_{Rw}$，即 $1.4 \times 1486\text{kN} = 2080.4\text{kN} < V_{Rw} = 5300\text{kN}$（各铅芯支座的屈服力之和），满足要求。式中，$V_{Rk}$ 为抗风装置的水平承载力设计值。当不单独设抗风装置时，取隔震支座的屈服荷载设计值；γ_{w} 为风荷载分项系数，取 1.4；V_{wk} 为风荷载作用下隔震层的水平剪力标准值。

8.4.4　设防地震作用验算

设防地震（中震）作用下，隔震结构与非隔震结构的周期对比见表 8-62。《叠层橡胶支座隔震技术规程》（CECS 126：2001）规定：隔震房屋两个方向的基本周期相差不宜超过较小值的 30%。由表 8-62 可知，采用隔震技术后，结构的周期明显延长。

表 8-62　隔震前后结构的周期

振型	ETABS(前)/s	ETABS(后)/s	两方向差值(%)
1	1.1917	3.2407	
2	1.1719	3.2358	0.15
3	0.9814	2.8663	

隔震结构与非隔震结构部分楼层层间剪力、倾覆力矩及其比值见表 8-63 和表 8-64，以下出现的地震波 1~7 均分别代表 WAV04-1~7。

表 8-63　非隔震与隔震结构部分楼层层间剪力及层间剪力比

层数	地震波	隔震结构		非隔震结构		X 向剪力比	Y 向剪力比	X 向平均剪力比	Y 向平均剪力比
		V_x/kN	V_y/kN	V_x/kN	V_y/kN				
16	1	151.57	146.73	3189.09	2797.21	0.048	0.052	0.055	0.060
	2	114.34	112.85	2924.31	3073.11	0.039	0.037		
	3	202.67	203.25	2571.31	2535.83	0.079	0.080		

（续）

层数	地震波	隔震结构		非隔震结构		X向剪力比	Y向剪力比	X向平均剪力比	Y向平均剪力比
		V_x/kN	V_y/kN	V_x/kN	V_y/kN				
16	4	111.76	109.66	3169.35	2620.14	0.035	0.042	0.055	0.060
	5	149.79	146.76	2982.35	2442.87	0.050	0.060		
	6	199.03	199.86	2826.13	2794.59	0.070	0.072		
	7	202.29	203.19	3258.63	2605.51	0.062	0.078		
15	1	366.62	354.91	5749.04	5836.85	0.064	0.061	0.070	0.072
	2	276.57	272.97	5708.33	6073.16	0.048	0.045		
	3	490.22	491.63	5164.73	5335.39	0.095	0.092		
	4	270.32	265.25	6354.21	4968.90	0.043	0.053		
	5	362.31	354.99	5625.92	4776.29	0.064	0.074		
	6	481.42	483.44	5237.71	5571.38	0.092	0.087		
	7	489.31	491.49	5784.92	5390.64	0.085	0.091		
12	1	2967.58	2872.79	26236.29	25277.64	0.113	0.114	0.143	0.141
	2	2238.68	2209.52	18694.05	18148.35	0.120	0.122		
	3	3968.10	3979.51	25653.94	24624.52	0.155	0.162		
	4	2188.12	2147.03	21035.19	20435.93	0.104	0.105		
	5	2932.72	2873.46	21501.13	21989.59	0.136	0.131		
	6	3896.87	3913.18	22279.98	19636.70	0.175	0.199		
	7	3960.69	3978.36	20157.25	25839.52	0.196	0.154		
11	1	4196.97	4062.91	34133.77	30962.23	0.123	0.131	0.161	0.160
	2	3166.11	3124.87	21455.45	21037.00	0.148	0.149		
	3	5611.98	5628.12	30693.84	31193.61	0.183	0.180		
	4	3094.60	3036.49	26381.69	24432.32	0.117	0.124		
	5	4147.66	4063.87	27540.21	27836.71	0.151	0.146		
	6	5511.24	5534.31	29650.28	25945.11	0.186	0.213		
	7	5601.51	5626.49	25983.61	31975.40	0.216	0.176		
6	1	10790.54	10445.87	49646.57	47050.59	0.217	0.222	0.252	0.264
	2	8140.15	8034.13	33994.96	34403.64	0.239	0.234		
	3	14428.57	14470.06	52482.51	47817.00	0.275	0.303		
	4	7956.30	7806.90	38321.13	33240.35	0.208	0.235		
	5	10663.76	10448.32	52283.87	48132.10	0.204	0.217		
	6	14169.56	14228.87	45200.16	43719.65	0.313	0.325		
	7	14401.63	14465.86	46545.76	46058.71	0.309	0.314		
5	1	12136.99	11749.31	50398.41	47422.11	0.241	0.248	0.273	0.279
	2	9155.88	9036.63	37301.68	38933.46	0.245	0.232		
	3	16228.97	16275.64	54799.19	53097.26	0.296	0.307		

（续）

层数	地震波	隔震结构		非隔震结构		X 向剪力比	Y 向剪力比	X 向平均剪力比	Y 向平均剪力比
		V_x/kN	V_y/kN	V_x/kN	V_y/kN				
5	4	8949.08	8781.04	37162.04	33688.64	0.241	0.261	0.273	0.279
	5	11994.39	11752.06	54184.01	48572.02	0.221	0.242		
	6	15937.64	16004.35	47509.10	49608.59	0.335	0.323		
	7	16198.67	16270.91	48725.26	47421.79	0.332	0.343		
2	1	16311.23	15790.21	53281.48	53388.13	0.306	0.296	0.306	0.311
	2	12304.84	12144.58	52873.73	54903.08	0.233	0.221		
	3	21810.56	21873.28	62552.10	61224.69	0.349	0.357		
	4	12026.92	11801.08	43324.97	43174.30	0.278	0.273		
	5	16119.59	15793.91	60100.35	52307.18	0.268	0.302		
	6	21419.03	21508.68	62258.69	65903.55	0.344	0.326		
	7	21769.84	21866.92	59278.99	54375.06	0.367	0.402		
1	1	17853.64	17283.36	54696.17	54785.36	0.326	0.315	0.323	0.324
	2	13468.41	13292.99	56354.64	58025.94	0.239	0.229		
	3	23873.00	23941.65	64161.91	63475.17	0.372	0.377		
	4	13164.20	12917.01	46233.17	44714.11	0.285	0.289		
	5	17643.88	17287.41	63038.96	55892.06	0.280	0.309		
	6	23444.45	23542.58	64406.17	71756.74	0.364	0.328		
	7	23828.43	23934.69	60852.43	56584.88	0.392	0.423		

表 8-64 非隔震与隔震结构部分楼层层间倾覆力矩及层间倾覆力矩比

层数	地震波	隔震结构		非隔震结构		X 向倾覆力矩比	Y 向倾覆力矩比	X 向平均倾覆力矩比	Y 向平均倾覆力矩比
		M_x/(kN·m)	M_y/(kN·m)	M_x/(kN·m)	M_y/(kN·m)				
16	1	311.73	513.18	9597.76	11063.26	0.032	0.046	0.053	0.054
	2	374.18	387.13	10590.30	10083.00	0.035	0.038		
	3	780.28	686.20	8695.16	8847.19	0.090	0.078		
	4	432.88	378.39	9069.34	10905.06	0.048	0.035		
	5	306.84	507.15	8425.62	10311.71	0.036	0.049		
	6	548.22	673.88	9624.07	9784.20	0.057	0.069		
	7	635.35	684.91	8993.09	11317.48	0.071	0.061		
15	1	1239.79	2040.95	34305.92	35823.47	0.036	0.057	0.060	0.064
	2	1488.12	1539.65	36463.34	34453.63	0.041	0.045		
	3	3103.24	2729.05	31254.47	30812.87	0.099	0.089		
	4	1721.61	1504.87	30034.69	37948.85	0.057	0.040		
	5	1220.34	2016.97	28798.52	34410.48	0.042	0.059		
	6	2180.30	2680.06	33333.39	32269.17	0.065	0.083		
	7	2526.85	2723.95	31778.60	36272.61	0.080	0.075		

（续）

层数	地震波	隔震结构		非隔震结构		X 向倾覆力矩比	Y 向倾覆力矩比	X 向平均倾覆力矩比	Y 向平均倾覆力矩比
		$M_x/(kN \cdot m)$	$M_y/(kN \cdot m)$	$M_x/(kN \cdot m)$	$M_y/(kN \cdot m)$				
12	1	11939.06	19654.18	195680.03	187874.40	0.061	0.105	0.109	0.128
	2	14330.54	14826.69	146610.70	139375.53	0.098	0.106		
	3	29883.97	26280.57	185591.77	186320.46	0.161	0.141		
	4	16579.00	14491.81	159029.52	168722.67	0.104	0.086		
	5	11751.80	19423.26	162245.35	156489.96	0.072	0.124		
	6	20996.18	25808.81	150639.94	159923.21	0.139	0.161		
	7	24333.36	26231.51	193818.77	152695.43	0.126	0.172		
11	1	21067.70	34681.82	303560.24	303589.77	0.069	0.114	0.123	0.145
	2	25287.72	26163.22	217986.34	216460.84	0.116	0.121		
	3	52733.35	46374.78	295017.79	296621.85	0.179	0.156		
	4	29255.35	25572.29	243186.25	237977.39	0.120	0.107		
	5	20737.27	34274.34	259965.60	247136.82	0.080	0.139		
	6	37049.92	45542.31	235313.03	258613.53	0.157	0.176		
	7	42938.71	46288.20	304996.39	231551.86	0.141	0.200		
6	1	109264.02	179871.33	1048677.55	1112577.11	0.104	0.162	0.191	0.207
	2	131150.43	135691.06	646658.91	681454.08	0.203	0.199		
	3	273492.50	240514.89	1019517.81	1015638.54	0.268	0.237		
	4	151727.85	132626.30	787107.45	844767.11	0.193	0.157		
	5	107550.28	177758.03	971527.99	972982.60	0.111	0.183		
	6	192153.05	236197.41	859028.92	976977.53	0.224	0.242		
	7	222694.30	240065.86	958087.70	886869.89	0.232	0.271		
5	1	135719.99	223423.36	1217887.32	1284969.84	0.111	0.174	0.204	0.221
	2	162905.73	168545.78	753112.63	793455.25	0.216	0.212		
	3	339712.91	298750.48	1183106.57	1173602.85	0.287	0.255		
	4	188465.53	164738.94	901544.48	968224.44	0.209	0.170		
	5	133591.30	220798.37	1133779.37	1141618.17	0.118	0.193		
	6	238678.84	293387.61	1005064.77	1139836.56	0.237	0.257		
	7	276615.01	298192.72	1097919.58	1045123.93	0.252	0.285		
2	1	233281.41	384029.77	1722444.10	1796411.98	0.135	0.214	0.248	0.267
	2	280009.44	289703.81	1148204.92	1148206.08	0.244	0.252		
	3	583913.29	513505.30	1680161.36	1682584.07	0.348	0.305		
	4	323942.73	283160.45	1191031.32	1262906.68	0.272	0.224		
	5	229622.53	379517.83	1579644.67	1640104.43	0.145	0.231		
	6	410251.56	504287.37	1477219.42	1618678.58	0.278	0.312		
	7	475457.88	512546.60	1530070.19	1541023.50	0.311	0.333		

（续）

层数	地震波	隔震结构		非隔震结构		X 向倾覆力矩比	Y 向倾覆力矩比	X 向平均倾覆力矩比	Y 向平均倾覆力矩比
		M_x/(kN·m)	M_y/(kN·m)	M_x/(kN·m)	M_y/(kN·m)				
1	1	291588.77	480015.82	1973134.53	2050261.61	0.148	0.234	0.266	0.289
	2	349996.20	362113.62	1410898.53	1392293.22	0.248	0.260		
	3	729859.09	641853.03	1979626.98	1965550.96	0.369	0.327		
	4	404910.37	353934.79	1304195.99	1383737.89	0.310	0.256		
	5	287015.37	474376.15	1787018.53	1898122.18	0.161	0.250		
	6	512791.60	630331.12	1792158.80	1848565.65	0.286	0.341		
	7	594295.87	640654.70	1745714.52	1794308.55	0.340	0.357		

由表 8-63~表 8-64 分析得到隔震层以上结构隔震前后，结构层间剪力比值的平均值和结构层间倾覆力矩比值的平均值的最大值为 0.324，根据《抗规》第 12.2.5 条，确定隔震后水平地震影响系数最大值 $\alpha_{\max1} = \beta\alpha_{\max}/\psi = 0.324\times0.32/0.8 = 0.130$，满足上部结构降一度设计的要求。

8.4.5 罕遇地震作用验算

1. 隔震层水平位移计算

罕遇地震下各个支座最大水平位移，详见表 8-65。

由表 8-65 可知，隔震层最大水平位移 379mm，小于 $0.55D = 440$mm（D 为最小隔震支座直径，本工程采用隔震支座最小直径为 800mm）及 $3T_r = 444$mm（T_r 为最小隔震支座的橡胶层总厚度）中的较小值，满足要求。

根据《抗规》12.2.7 条规定：隔震结构应该采取不阻碍隔震层在罕遇地震下发生大变形的构造措施。上部结构的周边应设置竖向隔离缝，缝宽不宜小于隔震橡胶支座在罕遇地震下的最大水平位移的 1.2 倍且不宜小于 200mm。对于两相邻隔震结构，其缝宽取最大水平位移值之和，且不小于 400mm。对于相邻的高层隔震建筑，考虑到地震时上部结构顶部位移会大于隔震层处位移，因此隔震缝要留出罕遇地震时隔震缝的宽度加上防震缝的宽度，才合适。

上部结构和下部结构之间，应设置完全贯通的水平隔离缝，缝高可取 20mm，并用柔性材料填充；当设置水平隔离缝确有困难时，应设置可靠的水平滑移垫层。

隔震构造措施的具体做法参考图集《楼地面　油漆　刷浆》（西南 04J312）和《建筑结构隔震构造详图》（03SG610-1）。

2. 隔震支座应力验算

根据《抗规》12.2.4 条规定：隔震橡胶支座在罕遇地震的水平和竖向地震同时作用下，拉应力不应大于 1.0MPa。

隔震支座拉应力验算采用的荷载组合为"1.0×恒荷载±1.0×水平地震－0.5×竖向地震"，即：$1.0D\pm1.0F_{ek}-0.5\times0.4\times(1.0D+0.5L) = 0.8D-0.1L\pm1.0F_{ek}$。竖向地震作用采用 0.4 倍重力荷载代表值来考虑。

隔震支座压应力验算采用的荷载组合为"1.0×恒荷载＋0.5 活荷载±1.0×水平地震＋0.5×竖向地震"，即：$1.0D+0.5L\pm1.0F_{ek}+0.5\times0.4\times(1.0D+0.5L) = 1.20D+0.60L\pm1.00F_{ek}$。得

表 8-65　罕遇地震时隔震结构各支座最大位移

编号	支座类型	支座位移/m														支座位移平均值/m		
		X向							Y向							X向	Y向	最值
		1	2	3	4	5	6	7	1	2	3	4	5	6	7			
1	LRB800	0.2779	0.2689	0.5737	0.1979	0.2826	0.5225	0.5180	0.2780	0.2702	0.5752	0.1974	0.2825	0.5247	0.5220	0.3774	0.3786	0.3786
2	LRB800	0.2785	0.2695	0.5749	0.1984	0.2832	0.5235	0.5190	0.2773	0.2692	0.5734	0.1969	0.2818	0.5229	0.5200	0.3781	0.3774	0.3781
3	2LRB800	0.2752	0.2675	0.5701	0.1977	0.2799	0.5200	0.5146	0.2727	0.2658	0.5656	0.1956	0.2772	0.5167	0.5117	0.3750	0.3722	0.3750
4	2LRB800	0.2752	0.2676	0.5701	0.1977	0.2799	0.5201	0.5145	0.2724	0.2650	0.5644	0.1954	0.2769	0.5153	0.5096	0.3750	0.3712	0.3750
5	LRB800	0.2784	0.2694	0.5747	0.1985	0.2831	0.5233	0.5192	0.2764	0.2668	0.5697	0.1964	0.2808	0.5187	0.5137	0.3781	0.3746	0.3781
6	LRB800	0.2778	0.2687	0.5735	0.1980	0.2825	0.5222	0.5182	0.2768	0.2670	0.5701	0.1968	0.2811	0.5190	0.5136	0.3773	0.3749	0.3773
7	LRB800	0.2751	0.2672	0.5694	0.1974	0.2798	0.5191	0.5139	0.2746	0.2667	0.5685	0.1975	0.2791	0.5190	0.5118	0.3746	0.3739	0.3746
8	LRB800	0.2750	0.2671	0.5690	0.1974	0.2796	0.5188	0.5136	0.2748	0.2668	0.5687	0.1975	0.2793	0.5189	0.5120	0.3744	0.3740	0.3744
9	LRB800	0.2751	0.2672	0.5691	0.1975	0.2798	0.5188	0.5137	0.2745	0.2667	0.5684	0.1975	0.2790	0.5188	0.5117	0.3745	0.3738	0.3745
10	LRB800	0.2775	0.2683	0.5721	0.1979	0.2820	0.5207	0.5167	0.2768	0.2670	0.5701	0.1968	0.2811	0.5190	0.5136	0.3765	0.3749	0.3765
11	LRB800	0.2781	0.2690	0.5733	0.1984	0.2826	0.5218	0.5178	0.2764	0.2669	0.5697	0.1964	0.2808	0.5188	0.5137	0.3773	0.3747	0.3773
12	2LRB800	0.2748	0.2671	0.5687	0.1976	0.2794	0.5185	0.5131	0.2724	0.2650	0.5644	0.1955	0.2769	0.5154	0.5096	0.3742	0.3713	0.3742
13	2LRB800	0.2748	0.2671	0.5687	0.1976	0.2794	0.5185	0.5131	0.2727	0.2658	0.5657	0.1956	0.2772	0.5168	0.5117	0.3742	0.3722	0.3742
14	LRB800	0.2781	0.2691	0.5735	0.1983	0.2827	0.5221	0.5176	0.2773	0.2692	0.5735	0.1969	0.2818	0.5230	0.5200	0.3773	0.3774	0.3774
15	LRB800	0.2776	0.2684	0.5723	0.1978	0.2821	0.5209	0.5165	0.2780	0.2702	0.5752	0.1974	0.2825	0.5247	0.5220	0.3765	0.3786	0.3786
16	LRB800	0.2750	0.2671	0.5689	0.1974	0.2796	0.5186	0.5134	0.2758	0.2699	0.5735	0.1981	0.2804	0.5246	0.5201	0.3743	0.3775	0.3775
17	LRB800	0.2750	0.2671	0.5690	0.1974	0.2796	0.5188	0.5136	0.2760	0.2700	0.5738	0.1981	0.2806	0.5247	0.5204	0.3744	0.3777	0.3777
18	LRB800	0.2751	0.2672	0.5694	0.1974	0.2798	0.5192	0.5139	0.2758	0.2699	0.5735	0.1981	0.2804	0.5246	0.5201	0.3746	0.3775	0.3775
19	2LRB800	0.2757	0.2682	0.5712	0.1982	0.2804	0.5211	0.5155	0.2764	0.2702	0.5744	0.1988	0.2810	0.5253	0.5200	0.3758	0.3780	0.3780
20	2LRB800	0.2762	0.2687	0.5723	0.1987	0.2810	0.5221	0.5165	0.2769	0.2706	0.5753	0.1994	0.2815	0.5262	0.5203	0.3765	0.3786	0.3786
21	2LRB800	0.2761	0.2685	0.5720	0.1985	0.2808	0.5218	0.5162	0.2765	0.2696	0.5738	0.1992	0.2811	0.5245	0.5180	0.3763	0.3775	0.3775
22	2LRB800	0.2757	0.2682	0.5712	0.1983	0.2805	0.5211	0.5155	0.2758	0.2686	0.5720	0.1986	0.2804	0.5226	0.5159	0.3758	0.3763	0.3763
23	2LRB800	0.2769	0.2693	0.5735	0.1991	0.2816	0.5232	0.5176	0.2744	0.2670	0.5687	0.1974	0.2789	0.5194	0.5128	0.3773	0.3741	0.3773
24	LRB900	0.2767	0.2691	0.5730	0.1990	0.2814	0.5226	0.5170	0.2744	0.2670	0.5688	0.1974	0.2790	0.5195	0.5128	0.3770	0.3741	0.3770
25	2LRB800	0.2755	0.2680	0.5705	0.1982	0.2802	0.5204	0.5148	0.2758	0.2686	0.5720	0.1986	0.2804	0.5225	0.5159	0.3754	0.3763	0.3763
26	2LRB800	0.2759	0.2683	0.5713	0.1985	0.2806	0.5211	0.5156	0.2765	0.2696	0.5738	0.1992	0.2811	0.5245	0.5180	0.3759	0.3775	0.3775
27	2LRB800	0.2762	0.2686	0.5719	0.1987	0.2808	0.5217	0.5161	0.2766	0.2702	0.5746	0.1991	0.2812	0.5254	0.5196	0.3763	0.3781	0.3781
28	2LRB800	0.2756	0.2680	0.5706	0.1982	0.2802	0.5204	0.5149	0.2764	0.2701	0.5743	0.1988	0.2810	0.5252	0.5199	0.3754	0.3780	0.3780
29	2LRB900	0.2767	0.2691	0.5730	0.1990	0.2814	0.5226	0.5171	0.2751	0.2688	0.5715	0.1977	0.2797	0.5226	0.5176	0.3770	0.3761	0.3770
30	2LRB900	0.2769	0.2693	0.5735	0.1991	0.2816	0.5232	0.5176	0.2751	0.2689	0.5716	0.1977	0.2797	0.5227	0.5176	0.3773	0.3762	0.3773

到罕遇地震下各个支座承受的最大拉应力和压应力,详见表8-66和表8-67。

由表8-66可知,在罕遇地震作用下,隔震支座在既定荷载组合下不出现拉应力,满足规范规定。由表8-67可知,在罕遇地震作用下,支座压应力在既定组合下均控制在30MPa以内,满足规范规定。

表8-66 罕遇地震下隔震支座拉应力验算

支座编号	支座型号	0.8D-0.1L+1.0F_{ek}				0.8D-0.1L-1.0F_{ek}			
		X向轴力/kN	X向应力/MPa	Y向轴力/kN	Y向应力/MPa	X向轴力/kN	X向应力/MPa	Y向轴力/kN	Y向应力/MPa
1	LRB800	-3369	-6.71	-3591	-7.15	-3327	-6.62	-3567	-7.10
2	LRB800	-4265	-8.49	-4132	-8.22	-4265	-8.49	-4112	-8.18
3	2LRB800	-5860	-5.83	-5702	-5.67	-5856	-5.83	-5685	-5.66
4	2LRB800	-5847	-5.82	-5695	-5.67	-5851	-5.82	-5679	-5.65
5	LRB800	-4271	-8.50	-4146	-8.25	-4272	-8.50	-4127	-8.21
6	LRB800	-3257	-6.48	-3511	-6.99	-3300	-6.57	-3487	-6.94
7	LRB800	-4367	-8.69	-4339	-8.64	-4384	-8.73	-4316	-8.59
8	LRB800	-4114	-8.19	-4305	-8.57	-4130	-8.22	-4305	-8.57
9	LRB800	-4459	-8.88	-4402	-8.76	-4477	-8.91	-4424	-8.81
10	LRB800	-3231	-6.43	-3466	-6.90	-3274	-6.52	-3491	-6.95
11	LRB800	-4332	-8.62	-4191	-8.34	-4330	-8.62	-4210	-8.38
12	2LRB800	-5869	-5.84	-5701	-5.67	-5873	-5.84	-5717	-5.69
13	2LRB800	-5900	-5.87	-5724	-5.70	-5896	-5.87	-5741	-5.71
14	LRB800	-4279	-8.52	-4133	-8.23	-4280	-8.52	-4152	-8.26
15	LRB800	-3394	-6.76	-3591	-7.15	-3351	-6.67	-3615	-7.20
16	LRB800	-4444	-8.85	-4371	-8.70	-4427	-8.81	-4394	-8.75
17	LRB800	-4180	-8.32	-4360	-8.68	-4163	-8.29	-4359	-8.68
18	LRB800	-4453	-8.86	-4405	-8.77	-4435	-8.83	-4382	-8.72
19	2LRB800	-4160	-4.14	-3726	-3.71	-4149	-4.13	-3676	-3.66
20	2LRB800	-6881	-6.85	-6467	-6.44	-6879	-6.85	-6425	-6.39
21	2LRB800	-6826	-6.79	-6403	-6.37	-6826	-6.79	-6361	-6.33
22	2LRB800	-3963	-3.94	-3529	-3.51	-3974	-3.96	-3477	-3.46
23	2LRB900	-7250	-5.70	-7541	-5.93	-7314	-5.75	-7493	-5.89
24	2LRB900	-7276	-5.72	-7507	-5.90	-7339	-5.77	-7554	-5.94
25	2LRB800	-4009	-3.99	-3492	-3.48	-4019	-4.00	-3545	-3.53
26	2LRB800	-7038	-7.00	-6550	-6.52	-7034	-7.00	-6594	-6.56
27	2LRB800	-7278	-7.24	-6778	-6.75	-7280	-7.25	-6823	-6.79
28	2LRB800	-3806	-3.79	-3317	-3.30	-3798	-3.78	-3365	-3.35
29	2LRB900	-7409	-5.83	-7618	-5.99	-7351	-5.78	-7657	-6.02
30	2LRB900	-7684	-6.04	-7994	-6.29	-7619	-5.99	-7954	-6.25

注:负值表示受压,正值表示受拉。

表 8-67　罕遇地震下隔震支座压应力验算

支座编号	支座型号	1.2D+0.6L+1.0F_{ek}				1.2D+0.6L−1.0F_{ek}			
		X向压力/kN	X向压应力/MPa	Y向压力/kN	Y向压应力/MPa	X向压力/kN	X向压应力/MPa	Y向压力/kN	Y向压应力/MPa
1	LRB800	−11349	−22.59	−8970	−17.85	−10922	−21.74	−8731	−17.38
2	LRB800	−7837	−15.60	−9354	−18.62	−7840	−15.61	−9161	−18.23
3	2LRB800	−9924	−9.88	−11628	−11.57	−9883	−9.84	−11463	−11.41
4	2LRB800	−9870	−9.82	−11596	−11.54	−9911	−9.86	−11432	−11.38
5	LRB800	−7835	−15.60	−9268	−18.45	−7836	−15.60	−9080	−18.07
6	LRB800	−10818	−21.53	−8962	−17.84	−11244	−22.38	−8719	−17.35
7	LRB800	−9869	−19.64	−10550	−21.00	−10049	−20.00	−10326	−20.55
8	LRB800	−9131	−18.17	−7375	−14.68	−9290	−18.49	−7373	−14.68
9	LRB800	−9718	−19.34	−10237	−20.38	−9896	−19.70	−10465	−20.83
10	LRB800	−10753	−21.40	−8599	−17.12	−11182	−22.26	−8844	−17.60
11	LRB800	−7996	−15.92	−9184	−18.28	−7979	−15.88	−9372	−18.65
12	2LRB800	−9888	−9.84	−11444	−11.39	−9926	−9.88	−11607	−11.55
13	2LRB800	−9972	−9.92	−11521	−11.47	−9935	−9.89	−11688	−11.63
14	LRB800	−7882	−15.69	−9150	−18.21	−7896	−15.72	−9344	−18.60
15	LRB800	−11400	−22.69	−8786	−17.49	−10972	−21.84	−9024	−17.96
16	LRB800	−9853	−19.61	−10183	−20.27	−9676	−19.26	−10409	−20.72
17	LRB800	−9379	−18.67	−7421	−14.77	−9217	−18.35	−7420	−14.77
18	LRB800	−10140	−20.18	−10667	−21.23	−9958	−19.82	−10438	−20.78
19	2LRB800	−8568	−8.53	−13304	−13.24	−8454	−8.41	−12796	−12.73
20	2LRB800	−12153	−12.09	−16704	−16.62	−12137	−12.08	−16276	−16.20
21	2LRB800	−11948	−11.89	−16597	−16.52	−11938	−11.88	−16172	−16.09
22	2LRB800	−8232	−8.19	−13207	−13.14	−8348	−8.31	−12685	−12.62
23	2LRB900	−20799	−16.36	−19007	−14.95	−21437	−16.86	−18535	−14.57
24	2LRB900	−20479	−16.10	−18313	−14.40	−21106	−16.60	−18782	−14.77
25	2LRB800	−7947	−7.91	−12683	−12.62	−8046	−8.01	−13211	−13.15
26	2LRB800	−12122	−12.06	−16516	−16.44	−12082	−12.02	−16953	−16.87
27	2LRB800	−12550	−12.49	−17112	−17.03	−12567	−12.51	−17566	−17.48
28	2LRB800	−7494	−7.46	−11812	−11.76	−7413	−7.38	−12292	−12.23
29	2LRB900	−20659	−16.25	−17602	−13.84	−20077	−15.79	−17994	−14.15
30	2LRB900	−22156	−17.42	−18814	−14.79	−21503	−16.91	−18407	−14.47

注：负值表示受压，正值表示受拉。

8.4.6　结论

经过对西昌盛世建昌酒店进行组合隔震设计及计算分析，可以得到如下结论：

1）在时程计算中，时程曲线在结构隔震前后的周期点的反应谱值、底部剪力等方面均满足要求。根据规范求得的水平向减震系数为 0.324，满足规范中降低一度设计的要求。

2）在罕遇地震作用下，支座的最大位移为 379mm，小于规范中规定的限值，确保了隔震结构在大震下的位移需求。

3）在罕遇地震的作用下，隔震支座在既定荷载组合下不出现拉应力，满足规范的要求。

4）按照规范进行了结构抗风承载力的验算。风荷载所引起的结构隔震层层间剪力小于隔震层的屈服力，隔震结构满足抗风以及微震动要求。

通过以上分析可以得到，该建筑结构通过采取组合隔震设计后，上部结构的设计地震作用从9度（0.4g）降为8度（0.2g），减小了结构构件截面尺寸，从上面的时程分析得到，隔震结构的分析各项结果均满足规范要求。

8.5　喀什天使花园4号楼（LRB组合隔震）

8.5.1　工程概况与有限元模型

喀什天使花园4号楼项目位于新疆喀什，上部结构28层，建筑结构高度83.1m，采用纯剪力墙结构形式。该项目属于标准设防类（丙类建筑），抗震设防烈度为8度（0.3g），设计基本地震加速度峰值为0.3g，设计地震分组为第三组，Ⅱ类场地，场地特征周期为0.45s。采用分部设计法，隔震设计目标为上部结构降低一度。

根据设计院提供的PKPM模型，建立增加隔震层后的ETABS模型用于隔震结构的计算分析。下面给出PKPM模型和ETABS模型的对比。PKPM和ETABS模型图如图8-33和图8-34所示。

图8-33　PKPM结构模型图

图8-34　ETABS结构模型图

PKPM 模型与 ETABS 模型的周期、质量和侧移刚度对比结果见表 8-68 和表 8-69。表中差值为：（｜ETABS−SATWE｜/SATWE）×100%。

表 8-68 SATWE 模型和 ETABS 模型周期和质量对比

周期/质量	SATWE 模型	ETABS 模型	比对
第一周期	1.1511s	1.1676s	1.43%
第二周期	1.0103s	0.9752s	3.47%
第三周期	0.6274s	0.5975s	4.77%
总质量	19549t	19780t	1.18%

经比较可知，两个模型的质量相对误差均能控制在很小的范围内，从而保证了后续隔震计算的合理性。

表 8-69 SATWE 模型和 ETABS 模型侧移刚度对比

楼层	X 方向层剪切刚度/(kN/m)			Y 方向层剪切刚度/(kN/m)		
	SATWE 模型（×10⁶）	ETABS 模型（×10⁶）	偏差	SATWE 模型	ETABS 模型	偏差
2	24.9	26.9	−8.03%	29.0	28.8	0.89%
3	16.7	17.5	−5.12%	18.2	18.7	−2.98%
4	13.8	15.0	−9.14%	14.2	14.5	−2.35%
5	12.2	13.2	−8.21%	11.9	12.3	−3.14%
6	11.1	12.0	−7.79%	10.2	10.5	−2.57%
7	10.3	11.0	−7.13%	9.08	8.84	2.66%
8	9.59	10.2	−6.26%	8.19	8.23	−0.51%
9	9.01	9.54	−5.82%	7.47	7.47	0.06%
10	8.51	8.95	−5.18%	6.87	6.53	5.03%
11	8.06	8.45	−4.84%	6.36	6.34	0.39%
12	7.50	7.72	−2.88%	5.84	5.66	3.14%
13	7.13	7.26	−1.88%	5.45	5.36	1.77%
14	6.81	6.94	−2.02%	5.12	5.00	2.32%
15	6.52	6.64	−1.96%	4.83	4.71	2.35%
16	6.25	6.36	−1.86%	4.57	4.46	2.29%
17	5.97	6.12	−2.61%	4.32	4.20	2.87%
18	5.73	5.89	−2.90%	4.11	4.04	1.61%
19	5.50	5.68	−3.29%	3.92	3.87	1.30%
20	5.28	5.45	−3.36%	3.73	3.70	0.72%
21	5.04	5.24	−3.99%	3.53	3.54	−0.17%
22	4.77	4.99	−4.67%	3.32	3.36	−1.19%
23	4.47	4.72	−5.59%	3.10	3.18	−2.64%
24	4.12	4.40	−6.75%	2.83	2.93	−3.57%

（续）

楼层	X方向层剪切刚度/(kN/m)			Y方向层剪切刚度/(kN/m)		
	SATWE 模型(×10⁶)	ETABS模型 (×10⁶)	偏差	SATWE 模型	ETABS 模型	偏差
25	3. 69	3. 98	-8. 10%	2. 51	2. 68	-6. 63%
26	3. 14	3. 40	-8. 22%	2. 12	2. 28	-7. 54%
27	2. 45	2. 65	-8. 13%	1. 65	1. 79	-8. 52%
28	1. 58	1. 57	0. 33%	1. 07	1. 10	-2. 58%
29	0. 20	0. 20	2. 62%	0. 15	0. 16	-8. 22%

经过层间侧移刚度的对比，可知 SATWE 模型和 ETABS 模型的结果比较接近。

8.5.2　地震动输入

本次减震效果计算的时程分析部分，采用了两条设防烈度下的人工波（以下记为 102 和 104）以及 5 条 PEER 上的强震记录（按照其编号区别）。强震记录的详细信息见表 8-70。

计算出 7 条时程的曲线与场地设防烈度的规范谱进行对比。《抗规》规定：多组时程波的平均地震影响系数曲线与振型反应分解谱法所用的地震影响系数曲线相比，在对应结构主要振型周期点上相差不大于 20%。基础固结结构以及隔震结构前三阶周期点处的反应谱对比见表 8-71。

表 8-70　强震记录信息

编号	地震名称	发生时间	台　　站	震级
1290	Chi-Chi, Taiwan	1999 年	TTN043	7. 62
3265	Chi-Chi, Taiwan-06	1999 年	CHY025	6. 30
5581	Northridge-01	1994 年	El Monte - Fairview Av	6. 69
1815	Hector Mine	1999 年	Wildlife Newport Bch - Irvine Ave. F. S	7. 13
2803	Little Skull Mtn, NV	1992 年	Station #5-Pahrump 1	5. 65

表 8-71　时程平均谱与规范谱对比

原结构前三 阶周期点/s	规范谱系数	时程平均谱系数	比对	隔震结构前 三阶周期点/s	规范谱系数	时程平均谱系数	比对
1. 1676	0. 28776	0. 31310	8. 81%	3. 0029	0. 14955	0. 15276	2. 15%
0. 9752	0. 33752	0. 35045	3. 83%	2. 9813	0. 14982	0. 15279	1. 98%
0. 5975	0. 52488	0. 56365	7. 39%	2. 6581	0. 15417	0. 14185	-7. 99%

由上表对比可知，满足规范要求。时程谱与规范谱的对比图如图 8-35 和图 8-36 所示。

《抗规》规定：进行弹性时程分析时，每条时程曲线计算所得的结构底部剪力不应小于振型分解反应谱法计算结果的 65%，多条时程计算的平均值不应小于振型分解反应谱法结果的 80%。在多遇地震作用下（峰值采用 110cm/s²）结构 X 和 Y 方向分别计算后的结果对比见表 8-72 和表 8-73。

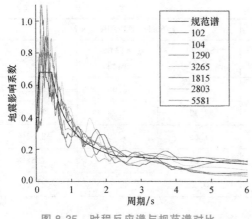

图 8-35　时程反应谱与规范谱对比

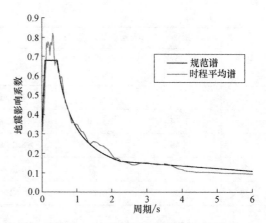

图 8-36　时程平均谱与规范谱对比

表 8-72　时程底部剪力同反应谱法对比（X 方向）

时程名称及方向	102X	104X	1290X	3265X	2803X	1815X	5581X
时程/kN	21133	20293	18405	23146	18661	19840	14550
反应谱/kN	19185	19185	19185	19185	19185	19185	19185
时程/反应谱	110.15%	105.78%	95.93%	120.65%	97.27%	103.41%	75.84%

在 X 方向 7 条时程计算出的基底剪力结果的平均值 19433kN，与反应谱法结果的比值为 101.29%。满足规范要求。

表 8-73　时程底部剪力同反应谱法对比（Y 方向）

时程名称及方向	102Y	104Y	1290Y	3265Y	2803Y	1815Y	5581Y
时程/kN	18733	17851	18706	20002	19504	17852	14202
反应谱/kN	16504	16504	16504	16504	16504	16504	16504
时程/反应谱	113.51%	108.16%	113.34%	121.19%	118.18%	108.17%	86.05%

在 Y 方向 7 条时程计算出的基底剪力结果的平均值为 18121kN，与反应谱法结果的比值为 109.80%。满足规范要求。

《抗规》规定：输入的地震加速度时程曲线的有效时间，一般从首次达到该时程曲线最大峰值的 10% 算起，到最后一点达到最大峰值的 10% 为止；无论是实际强震记录还是人工模拟波形，有效持续时间一般为结构基本周期的 5~10 倍。详细情况见表 8-74。

表 8-74　时程持时

时程名称	首次达到 10%	最后达到 10%	有效持时/s	结构周期/s	比值
102	0.92	32.50	31.58	3.0029	10.5
104	1.10	32.06	30.96	3.0029	10.3
1290	1.92	50.90	48.98	3.0029	16.3
3265	9.70	47.16	37.46	3.0029	12.5
1815	23.24	52.88	29.64	3.0029	9.9
2803	8.46	43.98	35.52	3.0029	11.8
5581	4.60	32.46	27.86	3.0029	9.3

8.5.3　隔震支座设计与验算

1. 隔震支座布置

采用铅芯橡胶支座、滑板支座、阻尼器相结合的组合隔震布置，并考虑到偏心率问题。共计使用 9 个 800mm 直径铅芯橡胶支座，44 个 700mm 直径铅芯橡胶支座，6 个滑板支座，8 个阻尼器。如图 8-37 所示。

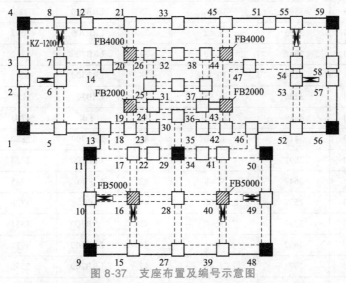

图 8-37　支座布置及编号示意图

注：单斜线表示滑板支座布置位置（类型见图中标注），加黑支座表示直径 800mm 铅芯橡胶支座，黑白交叉表示阻尼器，其余的为直径 700mm 铅芯橡胶支座。

计算中使用的各类支座参数见表 8-75～表 8-77。

表 8-75　橡胶支座参数

类型	有效刚度/(kN/mm)	初始刚度/(kN/mm)	屈服力/kN	屈服后刚度/(kN/mm)	竖向刚度/(kN/mm)
LRB700	1.769	14.403	90	1.108	3509
LRB800	2.044	16.384	123	1.260	3973

表 8-76　滑板支座参数

类型	长期竖向承载力/kN	承压板强度/MPa	最大滑移位移/mm	摩擦系数	数量(个)
FB 2000	2000	>30	±300	≤0.02	2
FB 4000	4000	>30	±300	≤0.02	2
FB 5000	5000	>30	±300	≤0.02	2

表 8-77　阻尼器性能参数

型号	阻尼系数 C/(kN·s/mm)	阻尼指数	运动行程/mm	最大阻尼力/kN	恢复刚度/(kN/mm)
KZ-1200	200	0.25	300	1200	12

2. 隔震支座压应力验算

按照标准设防丙类建筑的要求，橡胶支座的压应力限值为 15MPa。对支座的尺寸进行了初选，并验算了支座压应力见表 8-78。

表 8-78　支座压应力验算

支座编号	支座类别	支座压力/kN	支座压应力/MPa	支座编号	支座类别	支座压力/kN	支座压应力/MPa
1	LRB800	3288	6.54	31	LRB700	2708	7.04
2	LRB700	2866	7.45	32	LRB700	3837	9.97
3	LRB700	2701	7.02	33	LRB700	4884	12.69
4	LRB800	3550	7.06	34	LRB700	1655	4.30
5	LRB700	3896	10.12	35	LRB700	716	1.86
6	LRB700	2085	5.42	36	LRB700	1687	4.38
7	LRB700	3042	7.90	37	LRB700	1782	4.63
8	LRB700	4174	10.85	38	LRB700	3044	7.91
9	LRB800	3290	6.55	39	LRB700	3237	8.41
10	LRB700	4889	12.70	40	FB	4703	—
11	LRB800	3418	6.80	41	LRB700	2880	7.48
12	LRB700	2891	7.51	42	LRB700	2725	7.08
13	LRB700	3647	9.48	43	FB	1745	—
14	LRB700	2558	6.65	44	FB	3730	—
15	LRB700	3232	8.40	45	LRB700	4331	11.25
16	FB	4692	—	46	LRB700	3672	9.54
17	LRB700	2871	7.46	47	LRB700	2559	6.65
18	LRB700	2661	6.91	48	LRB800	3295	6.55
19	FB	1901	—	49	LRB700	4881	12.68
20	FB	3726	—	50	LRB800	3426	6.82
21	LRB700	4328	11.25	51	LRB700	2894	7.52
22	LRB700	1659	4.31	52	LRB700	3889	10.11
23	LRB700	726	1.89	53	LRB700	2085	5.42
24	LRB700	1659	4.31	54	LRB700	3041	7.90
25	LRB700	1776	4.61	55	LRB700	4178	10.86
26	LRB700	3044	7.91	56	LRB800	3295	6.56
27	LRB700	3734	9.70	57	LRB800	2870	7.46
28	LRB700	2055	5.34	58	LRB700	2703	7.02
29	LRB800	4928	9.80	59	LRB800	3554	7.07
30	LRB700	4285	11.13				

经验算，支座的最大压应力为 12.70MPa，满足规范中的要求。

使用上表中的铅芯橡胶支座的等效刚度数据进行了偏心率验算。X 方向的偏心率为 0.0968%。Y 方向的偏心率为 0.2434%。满足偏心率小于 3% 的要求。

3. 抗风承载力验算

喀什 50 年重现期的基本风压为 0.55kN/m^2，地面粗糙类型为 B 类，体型系数采用 1.3。在 ETABS 中按照《抗规》计算出了结构隔震层在风荷载下的层间剪力。X 方向的剪力为 2357kN，Y 方向的剪力为 3056kN。验算中取两者的较大值。

结构的总重力为 191580kN。风荷载产生的总水平力小于结构总重力的 10%，满足规范要求。另外，为了满足风荷载以及微震动的要求，隔震层必须具备足够的屈服前刚度和屈服承载力，要求隔震层的屈服力大于风荷载值，可按下式进行计算：

$$\gamma_w V_{wk} \leqslant V_R，即 1.4V_{wk} = 4278.4kN \leqslant 5507kN$$

式中，γ_w 为风荷载分项系数，取 1.4；V_{wk} 为风荷载作用下隔震层的水平剪力标准值；V_R 为隔震层的屈服荷载，将所有的橡胶支座以及滑板支座的屈服力总和后得到其值。由上可知，该隔震结构的抗风承载力验算满足要求。

8.5.4 设防地震作用验算

设防地震（中震）作用下，隔震结构与非隔震结构的周期对比见表 8-79。《叠层橡胶支座隔震技术规程》（CECS 126：2001）规定：隔震房屋两个方向的基本周期相差不宜超过较小值的 30%。由表 8-79 可知，采用隔震技术后，结构的周期明显延长。

表 8-79　ETABS 模型周期延长对比　　　　　　　　　　　　　　　（单位：s）

周　　期	基础固接模型	隔震模型
第一周期	1.1676	3.0029
第二周期	0.9752	2.9813
第三周期	0.5975	2.6581

《抗规》规定：对于高层结构，水平向减震系数为隔震与非隔震结构各层倾覆力矩的最大比值，和各层层间剪力的最大比值两者中的较大值。表 8-80 和表 8-81 分别给出了结构部分楼层非隔震与隔震结构层间剪力、倾覆力矩及其比值。

表 8-80　非隔震与隔震结构部分楼层层间剪力及层间剪力比

层数	地震波	非隔震结构		隔震结构		X 向剪力比	Y 向剪力比	X 向平均剪力比	Y 向平均剪力比
		V_x/kN	V_y/kN	V_x/kN	V_y/kN				
29	102	1881	2102	146	176	0.0776	0.0837	0.0937	0.0920
	104	1505	2341	172	190	0.1143	0.0812		
	1290	1710	2350	122	163	0.0713	0.0694		
	3265	1384	2259	109	153	0.0788	0.0677		
	1815	1354	1690	160	216	0.1182	0.1278		
	2803	1635	1944	146	181	0.0893	0.0931		
	5581	1169	1324	124	160	0.1061	0.1208		
28	102	10031	9521	838	1014	0.0835	0.1065	0.1009	0.1168
	104	8057	9359	989	1094	0.1228	0.1169		
	1290	8872	10033	705	940	0.0795	0.0937		
	3265	7430	10211	628	884	0.0845	0.0866		
	1815	7343	7893	920	1242	0.1253	0.1574		
	2803	8834	8522	839	1041	0.0950	0.1222		
	5581	6171	6854	713	919	0.1155	0.1341		

（续）

层数	地震波	非隔震结构		隔震结构		X 向剪力比	Y 向剪力比	X 向平均剪力比	Y 向平均剪力比
		V_x/kN	V_y/kN	V_x/kN	V_y/kN				
27	102	17113	15889	1490	1803	0.0871	0.1135	0.1050	0.1267
	104	13784	15294	1758	1945	0.1275	0.1272		
	1290	15009	15930	1253	1671	0.0835	0.1049		
	3265	12669	16542	1116	1571	0.0881	0.0950		
	1815	12640	12969	1635	2207	0.1294	0.1702		
	2803	15239	13645	1491	1851	0.0978	0.1357		
	5581	10422	11648	1268	1634	0.1217	0.1403		
20	102	40737	32339	5083	6151	0.1248	0.1902	0.1508	0.2141
	104	35548	30141	5997	6634	0.1687	0.2201		
	1290	32602	29321	4276	5699	0.1312	0.1944		
	3265	29305	29163	3806	5360	0.1299	0.1838		
	1815	32714	27268	5576	7530	0.1704	0.2761		
	2803	40961	26139	5088	6316	0.1242	0.2416		
	5581	20916	28925	4324	5575	0.2067	0.1927		
19	102	41708	32811	5565	6735	0.1334	0.2053	0.1611	0.2269
	104	37100	31068	6566	7264	0.1770	0.2338		
	1290	32480	31077	4682	6240	0.1442	0.2008		
	3265	29801	29848	4167	5868	0.1398	0.1966		
	1815	34046	28121	6105	8244	0.1793	0.2932		
	2803	42915	27111	5571	6915	0.1298	0.2551		
	5581	21134	29954	4735	6104	0.2240	0.2038		
18	102	42222	33287	6047	7318	0.1432	0.2198	0.1708	0.2388
	104	39035	32582	7135	7893	0.1828	0.2423		
	1290	31841	32755	5087	6781	0.1598	0.2070		
	3265	29948	30151	4528	6377	0.1512	0.2115		
	1815	35081	29024	6634	8958	0.1891	0.3086		
	2803	44516	28171	6053	7514	0.1360	0.2667		
	5581	22054	30711	5145	6633	0.2333	0.2160		
11	102	43396	39397	9442	11427	0.2176	0.2900	0.2191	0.3003
	104	49901	41888	11141	12325	0.2233	0.2942		
	1290	38295	39373	7944	10588	0.2074	0.2689		
	3265	47675	36453	7070	9957	0.1483	0.2731		
	1815	39159	38436	10359	13988	0.2645	0.3639		
	2803	51670	39758	9452	11732	0.1829	0.2951		
	5581	27737	32712	8033	10357	0.2896	0.3166		

（续）

层数	地震波	非隔震结构		隔震结构		X 向剪力比	Y 向剪力比	X 向平均剪力比	Y 向平均剪力比
		V_x/kN	V_y/kN	V_x/kN	V_y/kN				
10	102	44248	40221	9970	12066	0.2253	0.3000	0.2211	0.3061
	104	52285	43397	11764	13014	0.2250	0.2999		
	1290	40047	40693	8388	11180	0.2095	0.2747		
	3265	50729	37545	7466	10514	0.1472	0.2800		
	1815	41860	41036	10938	14770	0.2613	0.3599		
	2803	52968	41623	9980	12388	0.1884	0.2976		
	5581	29173	33055	8482	10936	0.2907	0.3308		
9	102	46135	40696	10503	12711	0.2277	0.3123	0.2237	0.3100
	104	54233	45183	12394	13710	0.2285	0.3034		
	1290	41186	42596	8837	11778	0.2146	0.2765		
	3265	53281	40606	7865	11076	0.1476	0.2728		
	1815	44415	43469	11523	15561	0.2594	0.3580		
	2803	54025	43284	10514	13051	0.1946	0.3015		
	5581	30450	33361	8936	11521	0.2935	0.3453		
3	102	58822	47881	13705	16587	0.2330	0.3464	0.2411	0.3421
	104	57496	48773	16172	17890	0.2813	0.3668		
	1290	57756	55964	11531	15369	0.1997	0.2746		
	3265	60539	54024	10263	14453	0.1695	0.2675		
	1815	56542	52432	15036	20305	0.2659	0.3873		
	2803	59357	48565	13720	17030	0.2311	0.3507		
	5581	37989	37434	11661	15034	0.3070	0.4016		
2	102	61499	49032	14239	17232	0.2315	0.3514	0.2464	0.3516
	104	60601	48347	16802	18587	0.2773	0.3844		
	1290	56297	57566	11980	15967	0.2128	0.2774		
	3265	61065	54522	10663	15016	0.1746	0.2754		
	1815	56997	52938	15622	21095	0.2741	0.3985		
	2803	58906	48789	14254	17693	0.2420	0.3626		
	5581	38730	37943	12115	15619	0.3128	0.4116		
1	102	65401	51301	14988	18139	0.2292	0.3536	0.2543	0.3639
	104	66957	48777	17686	19564	0.2641	0.4011		
	1290	51841	59766	12610	16807	0.2432	0.2812		
	3265	63020	54569	11223	15805	0.1781	0.2896		
	1815	57398	53393	16443	22205	0.2865	0.4159		
	2803	58536	48945	15004	18624	0.2563	0.3805		
	5581	39494	38622	12752	16440	0.3229	0.4257		

表 8-81　非隔震结构与隔震结构部分楼层层间倾覆力矩及层间倾覆力矩比

层数	地震波	非隔震结构		隔震结构		X 向倾覆力矩比	Y 向倾覆力矩比	X 向平均倾覆力矩比	Y 向平均倾覆力矩比
		M_x/kN·m	M_y/kN·m	M_x/kN·m	M_y/kN·m				
29	102	31780	28593	2301	2081	0.0724	0.0728	0.0945	0.0815
	104	24506	31957	2730	2538	0.1114	0.0794		
	1290	26057	31813	1924	1932	0.0738	0.0607		
	3265	21070	31622	1752	1774	0.0832	0.0561		
	1815	20869	23376	2494	2735	0.1195	0.1170		
	2803	25739	26612	2319	2215	0.0901	0.0832		
	5581	17363	18534	1925	1883	0.1109	0.1016		
28	102	124165	130731	10515	12107	0.0847	0.0926	0.1049	0.1055
	104	99215	128297	12485	14592	0.1258	0.1137		
	1290	108052	135472	8773	11398	0.0812	0.0841		
	3265	86594	142033	8038	10517	0.0928	0.0740		
	1815	87901	108459	11355	15894	0.1292	0.1465		
	2803	110226	116384	10618	12829	0.0963	0.1102		
	5581	70239	94621	8754	11118	0.1246	0.1175		
27	102	198010	218252	17855	21616	0.0902	0.0990	0.1375	0.1382
	104	161835	209949	21206	25996	0.1310	0.1238		
	1290	175202	215573	14890	20400	0.0850	0.0946		
	3265	140249	230476	13662	18839	0.0974	0.0817		
	1815	143933	178452	19267	28372	0.1339	0.1590		
	2803	181562	186795	18042	22886	0.0994	0.1225		
	5581	112485	160714	14849	19903	0.1320	0.1238		
20	5581	227280	379645	44045	61781	0.1938	0.1627	0.1557	0.1936
	102	451520	446420	58471	73987	0.1295	0.1657		
	104	393088	415262	69457	88817	0.1767	0.2139		
	1290	376985	410948	48740	69968	0.1293	0.1703		
	3265	315560	410010	44778	64661	0.1419	0.1577		
	1815	360500	376388	63044	97092	0.1749	0.2580		
	2803	468573	358753	59119	78277	0.1262	0.2182		
	5581	229971	397621	48576	68272	0.2112	0.1717		
19	102	461802	453285	63927	81016	0.1384	0.1787	0.1667	0.2062
	104	406891	424502	75938	97249	0.1866	0.2291		
	1290	376832	434725	53287	76620	0.1414	0.1762		
	3265	321324	409160	48957	70810	0.1524	0.1731		
	1815	375338	389910	68925	106315	0.1836	0.2727		
	2803	489960	369920	64637	85711	0.1319	0.2317		
	5581	228089	411591	53107	74763	0.2328	0.1816		

（续）

层数	地震波	非隔震结构		隔震结构		X向倾覆力矩比	Y向倾覆力矩比	X向平均倾覆力矩比	Y向平均倾覆力矩比
		M_x/kN·m	M_y/kN·m	M_x/kN·m	M_y/kN·m				
18	102	467096	455732	69383	88044	0.1485	0.1932	0.1784	0.2174
	104	425014	442476	82420	105680	0.1939	0.2388		
	1290	370616	457932	57835	83272	0.1561	0.1818		
	3265	323408	417082	53137	76959	0.1643	0.1845		
	1815	386991	402365	74806	115538	0.1933	0.2871		
	2803	507221	382335	70155	93144	0.1383	0.2436		
	5581	226814	421824	57638	81254	0.2541	0.1926		
11	102	513852	549058	107849	137664	0.2099	0.2507	0.2207	0.2716
	104	551095	582713	128117	165200	0.2325	0.2835		
	1290	420543	541660	89893	130237	0.2138	0.2404		
	3265	539344	511488	82606	120376	0.1532	0.2353		
	1815	429878	532666	116266	180649	0.2705	0.3391		
	2803	575359	542228	109057	145626	0.1895	0.2686		
	5581	325396	447622	89579	127084	0.2753	0.2839		
10	102	523683	561771	113859	145496	0.2174	0.2590	0.2248	0.2765
	104	560715	603224	135258	174591	0.2412	0.2894		
	1290	443611	566486	94901	137654	0.2139	0.2430		
	3265	572724	527878	87211	127232	0.1523	0.2410		
	1815	446320	568921	122743	190925	0.2750	0.3356		
	2803	581566	568011	115136	153908	0.1980	0.2710		
	5581	342459	452723	94568	134320	0.2761	0.2967		
9	102	529598	569016	119935	153414	0.2265	0.2696	0.2287	0.2795
	104	582803	627794	142475	184085	0.2445	0.2932		
	1290	457326	599311	99964	145152	0.2186	0.2422		
	3265	599947	571157	91866	134165	0.1531	0.2349		
	1815	473760	602890	129290	201315	0.2729	0.3339		
	2803	584936	591206	121282	162281	0.2073	0.2745		
	5581	358617	459414	99612	141638	0.2778	0.3083		
3	102	648991	667897	156387	200925	0.2410	0.3008	0.2511	0.3085
	104	628807	686382	185783	241052	0.2955	0.3512		
	1290	603195	786652	130340	190142	0.2161	0.2417		
	3265	670979	766335	119798	175761	0.1785	0.2294		
	1815	601482	728459	168572	263656	0.2803	0.3619		
	2803	617190	666713	158153	212523	0.2562	0.3188		
	5581	447928	521224	129873	185540	0.2899	0.3560		

（续）

层数	地震波	非隔震结构		隔震结构		X向倾覆力矩比	Y向倾覆力矩比	X向平均倾覆力矩比	Y向平均倾覆力矩比
		M_x/kN·m	M_y/kN·m	M_x/kN·m	M_y/kN·m				
2	102	688011	677764	162463	208843	0.2361	0.3081	0.2572	0.3182
	104	662172	679529	193000	250547	0.2915	0.3687		
	1290	581113	806694	135403	197640	0.2330	0.2450		
	3265	680405	769606	124453	182694	0.1829	0.2374		
	1815	603786	734547	175119	274046	0.2900	0.3731		
	2803	607414	668748	164298	220897	0.2705	0.3303		
	5581	455357	528853	134917	192857	0.2963	0.3647		
1	102	759025	694008	170845	219879	0.2251	0.3168	0.2564	0.3317
	104	777268	681754	202955	263774	0.2611	0.3869		
	1290	576480	830898	142384	208095	0.2470	0.2504		
	3265	716407	761309	130874	192362	0.1827	0.2527		
	1815	618099	738583	184146	288526	0.2979	0.3906		
	2803	625321	668395	172774	232566	0.2763	0.3479		
	5581	465635	539484	141871	203060	0.3047	0.3764		

由上面的表格比较可以得到隔震结构的水平向减震系数为 0.3639。《抗规》规定，对于将设防烈度降低一度（从 8 度 0.3g 到 7 度 0.15g）进行设计的带阻尼器的隔震结构，水平向减震系数应控制在 0.27~0.38。经比较，符合规范要求，可以将上部结构设防烈度降低一度进行设计。

对于有地下室的结构，还应提取中震时隔震层的隔震支座的轴力、剪力、位移，用于地下室中震抗弯计算。荷载组合为"1.2×(1.0×恒载+0.5×活载)+1.3×水平地震+0.5×竖向地震"，即：1.2(1.0D+0.5L)+1.3F_{ek}+0.5×0.4×(1.0D+0.5L)= 1.4D+0.7L+1.3F_{ek}。

表 8-82 和表 8-83 列出部分隔震支座的轴力、剪力和位移情况。

表 8-82 设防烈度下的支座剪力、轴向力　　　　　　　（单位：kN）

支座编号	X向剪力	Y向剪力	轴向力	支座编号	X向剪力	Y向剪力	轴向力
1	321	317	−8322	11	320	318	−6919
2	242	238	−6241	12	244	238	−6566
3	242	238	−6062	13	241	239	−5350
4	324	317	−8475	14	243	237	−4285
5	241	238	−8129	15	238	238	−9100
6	241	238	−6173	16	60	61	−7101
7	243	239	−6608	17	239	238	−5300
8	244	238	−8566	18	241	239	−3572
9	317	317	−11953	19	23	28	−3795
10	237	238	−9179	20	24	29	−4980

（续）

支座编号	X 向剪力	Y 向剪力	轴向力	支座编号	X 向剪力	Y 向剪力	轴向力
21	244	239	−7600	41	240	241	−4911
22	240	239	−4757	42	241	241	−3500
23	241	239	−1912	43	30	28	−3754
24	242	240	−3890	44	27	32	−5091
25	242	240	−3430	45	244	241	−7736
26	243	240	−5324	46	241	242	−5363
27	237	238	−9168	47	243	240	−4391
28	238	238	−5574	48	317	321	−10656
29	320	319	−6556	49	239	242	−8383
30	241	240	−5894	50	320	321	−6782
31	242	240	−4169	51	244	241	−6745
32	243	240	−3780	52	241	243	−7651
33	244	239	−5265	53	241	243	−6425
34	240	240	−4771	54	242	243	−7001
35	241	240	−1926	55	244	242	−8926
36	242	241	−3967	56	320	323	−8055
37	242	241	−3453	57	242	243	−6701
38	243	241	−5467	58	242	243	−6508
39	238	241	−8525	59	324	323	−8973
40	57	59	−6963				

表 8-83　设防烈度下的支座位移　　　　　　　　　　（单位：mm）

支座编号	X 向位移	Y 向位移	最大位移	支座编号	X 向位移	Y 向位移	最大位移
1	121	118	121	15	118	118	118
2	122	118	122	16	119	119	119
3	122	118	122	17	119	118	119
4	123	118	123	18	121	119	121
5	121	118	121	19	122	119	122
6	121	118	121	20	123	119	123
7	122	119	122	21	124	119	124
8	123	118	123	22	120	119	120
9	118	118	118	23	121	119	121
10	117	118	118	24	121	120	121
11	120	118	120	25	122	120	122
12	123	118	123	26	123	119	123
13	121	119	121	27	118	119	119
14	122	117	122	28	118	119	119

（续）

支座编号	X 向位移	Y 向位移	最大位移	支座编号	X 向位移	Y 向位移	最大位移
29	120	120	120	45	124	120	124
30	121	120	121	46	121	121	121
31	122	120	122	47	122	120	122
32	123	120	123	48	118	121	121
33	123	119	123	49	119	122	122
34	120	120	120	50	120	121	121
35	121	120	121	51	123	121	123
36	121	121	121	52	121	122	122
37	122	121	122	53	121	122	122
38	123	120	123	54	122	122	122
39	118	121	121	55	123	122	123
40	119	121	121	56	121	123	123
41	120	120	120	57	121	123	123
42	121	121	121	58	122	123	123
43	122	121	122	59	123	123	123
44	123	121	123				

由表 8-83 可知隔震层的最大水平位移为 124mm。

8.5.5　罕遇地震作用验算

1. 隔震支座轴力与剪力验算

采用峰值加速度为 $510cm/s^2$ 的罕遇烈度时程，提取支座的轴力以及剪力数据。荷载组合为 "$1.2×(1.0×恒载+0.5×活载)+1.3×水平地震+0.5×竖向地震$"，即：$1.2×(1.0D+0.5L)+1.3F_{ek}+0.5×0.4×(1.0D+0.5L)=1.4D+0.7L+1.3F_{ek}$。剪力和轴向力计算结果见表 8-84。

表 8-84　罕遇烈度下的支座剪力、轴向力　　　　　　　（单位：kN）

支座编号	X 向剪力	Y 向剪力	轴向力	支座编号	X 向剪力	Y 向剪力	轴向力
1	527	525	−10470	11	526	527	−7751
2	423	421	−7467	12	428	420	−8110
3	423	421	−7488	13	423	423	−5766
4	533	525	−11250	14	426	418	−4697
5	422	421	−9684	15	417	422	−11076
6	422	421	−7122	16	102	103	−8030
7	425	422	−7903	17	423	422	−5577
8	428	421	−10928	18	424	423	−3674
9	521	526	−14858	19	58	57	−4203
10	418	422	−10752	20	68	69	−5533

（续）

支座编号	X 向剪力	Y 向剪力	轴向力	支座编号	X 向剪力	Y 向剪力	轴向力
21	430	422	−9274	41	423	425	−5048
22	423	422	−5321	42	424	425	−3569
23	424	422	−1996	43	59	59	−4158
24	425	424	−4611	44	69	69	−5633
25	426	424	−3841	45	430	424	−9332
26	428	423	−6236	46	423	426	−5867
27	418	423	−11221	47	427	422	−4801
28	420	424	−6497	48	522	531	−14143
29	528	529	−6936	49	419	427	−10325
30	425	424	−6529	50	527	532	−7848
31	426	424	−4406	51	429	425	−8234
32	428	424	−4280	52	422	427	−9283
33	430	422	−6127	53	422	427	−7387
34	423	423	−5229	54	425	427	−8316
35	424	424	−2033	55	428	427	−11234
36	425	425	−4653	56	526	534	−10343
37	426	425	−3896	57	423	428	−8025
38	428	424	−6348	58	424	429	−7957
39	418	425	−10706	59	533	534	−11698
40	102	103	−7898				

2. 隔震层水平位移计算

根据《抗规》，采用峰值加速度为 510cm/s^2 的时程记录对罕遇地震下的支座位移进行验算。结果见表 8-85。荷载组合为"恒载+0.5×活载+水平地震作用"，即：$D+0.5L+1.0F_{ek}$。

表 8-85　罕遇烈度下的支座位移验算　　　　　　　（单位：mm）

支座编号	X 向位移	Y 向位移	最大位移	支座编号	X 向位移	Y 向位移	最大位移
1	220	217	220	11	219	218	219
2	221	218	221	12	223	217	223
3	221	218	221	13	219	219	219
4	223	217	223	14	222	216	222
5	220	218	220	15	215	219	219
6	219	218	219	16	218	220	220
7	221	218	221	17	219	219	219
8	223	218	223	18	220	219	220
9	215	218	218	19	221	220	221
10	216	219	219	20	223	219	223

（续）

支座编号	X向位移	Y向位移	最大位移	支座编号	X向位移	Y向位移	最大位移
21	224	218	224	41	219	221	221
22	219	219	219	42	220	221	221
23	220	219	220	43	221	221	221
24	220	220	220	44	223	221	223
25	221	220	221	45	224	220	224
26	222	219	222	46	219	222	222
27	216	220	220	47	222	219	222
28	217	220	220	48	216	221	221
29	219	220	220	49	217	222	222
30	220	220	220	50	219	222	222
31	221	220	221	51	223	220	223
32	222	220	222	52	219	222	222
33	223	219	223	53	219	222	222
34	219	220	220	54	221	222	222
35	220	220	220	55	223	222	223
36	220	221	221	56	219	223	223
37	221	221	221	57	220	223	223
38	222	220	222	58	221	223	223
39	216	221	221	59	223	223	223
40	217	221	221				

经过罕遇地震下的支座位移计算，得到了支座的位移最大值为 224mm，小于 $0.55D =$ 385mm（D 为最小隔震支座直径，本项目采用隔震支座的最小直径为 700mm）及 $3T_r =$ 408.9mm（T_r 为最小隔震支座的橡胶层总厚度）中的较小值，可知满足要求。

3. 隔震支座应力验算

按照《抗规》，采用峰值加速度为 $510cm/s^2$ 的时程记录对罕遇地震下的支座拉应力进行验算。根据《抗规》12.2.4 条规定：隔震橡胶支座在罕遇地震的水平和竖向地震同时作用下，拉应力不应大于 1.0MPa。

隔震支座拉应力验算采用的荷载组合为 "1.0 恒载±1.0 水平地震−0.5 竖向地震"，即：$1.0D \pm 1.0F_{ek} - 0.5 \times 0.4 \times (1.0D + 0.5L) = 0.8D - 0.1L \pm 1.0F_{ek}$。计算结果见表 8-86。

表 8-86　罕遇地震下隔震支座拉应力验算

支座编号	支座型号	$0.8D-0.1L+1.0F_{ek}$		$0.8D-0.1L-1.0F_{ek}$		支座编号	支座型号	$0.8D-0.1L+1.0F_{ek}$		$0.8D-0.1L-1.0F_{ek}$	
		最小轴力/kN	支座应力/MPa	最小轴力/kN	支座应力/MPa			最小轴力/kN	支座应力/MPa	最小轴力/kN	支座应力/MPa
1	LRB800	134	0.27	110	0.22	4	LRB800	238	0.47	244	0.49
2	LRB700	−17	−0.04	−26	−0.07	5	LRB700	7	0.02	−11	−0.03
3	LRB700	41	0.11	36	0.09	6	LRB700	−81	−0.21	−86	−0.22

（续）

支座编号	支座型号	0.8D-0.1L+1.0F$_{ek}$		0.8D-0.1L-1.0F$_{ek}$		支座编号	支座型号	0.8D-0.1L+1.0F$_{ek}$		0.8D-0.1L-1.0F$_{ek}$	
		最小轴力/kN	支座应力/MPa	最小轴力/kN	支座应力/MPa			最小轴力/kN	支座应力/MPa	最小轴力/kN	支座应力/MPa
7	LRB700	-15	-0.04	-17	-0.04	34	LRB700	-138	-0.36	-137	-0.36
8	LRB700	155	0.40	165	0.43	35	LRB700	-55	-0.14	-55	-0.14
9	LRB800	374	0.74	339	0.67	36	LRB700	-22	-0.06	-14	-0.04
10	LRB700	72	0.19	51	0.13	37	LRB700	-78	-0.20	-76	-0.20
11	LRB800	-89	-0.18	-100	-0.20	38	LRB700	-52	-0.13	-42	-0.11
12	LRB700	63	0.16	73	0.19	39	LRB700	161	0.42	135	0.35
13	LRB700	-154	-0.40	-159	-0.41	40	FB	—	—	—	—
14	LRB700	-106	-0.28	-107	-0.28	41	LRB700	-217	-0.56	-217	-0.56
15	LRB700	180	0.47	157	0.41	42	LRB700	-161	-0.42	-161	-0.42
16	FB	—	—	—	—	43	FB	—	—	—	—
17	LRB700	-177	-0.46	-179	-0.47	44	FB	—	—	—	—
18	LRB700	-158	-0.41	-158	-0.41	45	LRB700	35	0.09	55	0.14
19	FB	—	—	—	—	46	LRB700	-152	-0.40	-148	-0.39
20	FB	—	—	—	—	47	LRB700	-103	-0.27	-98	-0.26
21	LRB700	38	0.10	52	0.13	48	LRB800	305	0.61	290	0.58
22	LRB700	-118	-0.31	-125	-0.32	49	LRB700	25	0.06	24	0.06
23	LRB700	-59	-0.15	-58	-0.15	50	LRB800	-101	-0.20	-94	-0.19
24	LRB700	-19	-0.05	-16	-0.04	51	LRB700	64	0.17	82	0.21
25	LRB700	-76	-0.20	-80	-0.21	52	LRB700	-16	-0.04	-19	-0.05
26	LRB700	-54	-0.14	-50	-0.13	53	LRB700	-73	-0.19	-63	-0.16
27	LRB700	187	0.49	166	0.43	54	LRB700	-4	-0.01	9	0.02
28	LRB700	-32	-0.08	-45	-0.12	55	LRB700	158	0.41	186	0.48
29	LRB800	-243	-0.48	-249	-0.49	56	LRB800	98	0.20	100	0.20
30	LRB700	-108	-0.28	-101	-0.26	57	LRB700	-2	-0.01	12	0.03
31	LRB700	-154	-0.40	-157	-0.41	58	LRB700	53	0.14	68	0.18
32	LRB700	-71	-0.18	-63	-0.16	59	LRB800	244	0.49	275	0.55
33	LRB700	-24	-0.06	-13	-0.03						

注：负值表示受压，正值表示受拉。

经验算，橡胶支座在罕遇地震作用下的最大拉应力为 0.74MPa，满足要求。

4. 上部结构层间位移角验算

在 ETABS 软件中验算了隔震上部结构在罕遇地震（加速度峰值 510cm/s^2）下的层间位移，见表 8-87。

表 8-87　隔震上部结构层间位移

楼层	X 向层间位移角	Y 向层间位移角	最大层间位移角	楼层	X 向层间位移角	Y 向层间位移角	最大层间位移角
29	1/1940	1/1026	1/1026	15	1/1276	1/858	1/858
28	1/1813	1/984	1/984	14	1/1261	1/862	1/862
27	1/1792	1/979	1/979	13	1/1248	1/872	1/872
26	1/1734	1/967	1/967	12	1/1250	1/870	1/870
25	1/1671	1/949	1/949	11	1/1299	1/918	1/918
24	1/1611	1/931	1/931	10	1/1306	1/894	1/894
23	1/1555	1/919	1/919	9	1/1319	1/961	1/961
22	1/1503	1/904	1/904	8	1/1339	1/1004	1/1004
21	1/1456	1/891	1/891	7	1/1368	1/1008	1/1008
20	1/1414	1/880	1/880	6	1/1409	1/1116	1/1116
19	1/1377	1/871	1/871	5	1/1466	1/1209	1/1209
18	1/1345	1/865	1/865	4	1/1532	1/1307	1/1307
17	1/1317	1/853	1/853	3	1/1663	1/1429	1/1429
16	1/1293	1/857	1/857	2	1/1788	1/1560	1/1560

由《抗规》可知，钢筋混凝土剪力墙结构的弹性层间位移角限值为 1/1000。由表 8-87 可知，最大层间位移发生在第 17 层的 Y 方向，为 1/853，上部结构略进入弹塑性状态。

8.5.6　结论

经过对喀什天使花园 4 号楼进行组合隔震设计及计算分析，可以得到如下结论：

1）在时程计算中，时程曲线在结构隔震前后的周期点的反应谱值、底部剪力等方面均满足要求。根据规范求得的水平向减震系数为 0.3639，满足规范中降低一度设计的要求。

2）在罕遇地震作用下，支座的最大位移为 224mm，小于规范中规定的限值，确保了隔震结构在大震下的位移需求。

3）在罕遇地震的作用下，支座的最大拉应力为 0.74MPa，小于规范中支座最大拉应力为 1.0MPa 的规定，满足了隔震结构抗倾覆的要求。

4）验算了罕遇地震下隔震结构的层间位移角，两方向的层间位移角最大值为 1/853，上部结构略进入塑性状态。

5）按照规范进行了结构抗风承载力的验算。风荷载所引起的结构隔震层层间剪力小于隔震层的屈服力，隔震结构满足抗风要求。

通过以上分析可以得到，该建筑结构通过采取组合隔震设计后，上部结构的设计地震作用从 8 度（0.3g）降为 7 度（0.15g），减小了结构构件截面尺寸，从上面的时程分析得到，隔震结构的各项分析结果均满足规范要求。

8.6　喀什天使花园 4 号楼（FPB 组合隔震）

8.6.1　工程概况与有限元模型

针对 8.5 节喀什天使花园 4 号楼项目，采用摩擦摆隔震设计。隔震设计方法为分部设计法，隔震设计目标为上部结构降低一度。隔震层设置在地下室上，层高 1.8m，上部剪力墙下设置转换梁和支墩，上支墩下连接摩擦摆支座，所建立的 ETABS 模型如图 8-38 所示。

8.6.2　地震动输入

《抗规》5.1.2 条规定采用时程分析法时，应按建筑场地类别和设计地震分组选用实际强震记录和人工模拟的加速度时程，其中实际强震记录的数量不应少于总数的 2/3，多组时程的平均地震影响系数曲线应与振型分解反应谱法所采用的地震影响系数曲线在统计意义上相符，主要周期相差不超过 20%。弹性时程分析时，每条时程计算的结构底部剪力不应小于振型分解反应谱法计算结果的 65%，不大于振型分解反应谱计算结果的 135%；多条时程计算的结构底部剪力的平均值不应小于振型分解反应谱法计算结果的 80%，不大于振型分解反应谱法计算结果的 120%。

本工程从 PEER-NGA Records 选取了 5 条强震记录，并采用 SIMQKE_ GR 程序生成 2 条人工地震动，地震动信息汇总于表 8-88。

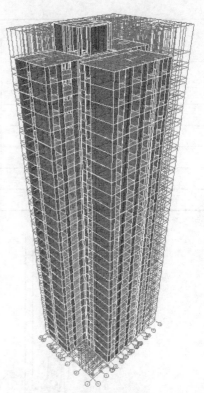

图 8-38　ETABS 模型

表 8-88　地震动信息

编号	发生时间	地震名称	台站	有效持时(有效持时比)
NGA0075	1971 年	San Fernando	Maricopa Array #2	27.32s(5.93)
NGA0800	1989 年	Loma Prieta	Salinas - John & Work	33.70s(7.31)
NGA1291	1999 年	Chi-Chi,Taiwan	HWA044	60.50s(13.1)
NGA1767	1999 年	Hector Mine	Banning - Twin Pines Road	40.88s(8.87)
NGA2108	2002 年	Denali,Alaska	Eagle River - AK Geologic Mat	49.72s(10.8)
AGM1	—	Artificial Ground Motion 1	—	33.93s(7.36)
AGM2	—	Artificial Ground Motion 2	—	44.86s(9.73)

注：有效持时比为有效持时与隔震结构的第一自振周期之比。

按 8 度（0.3g）时程分析地震动峰值加速度小震下为 $110\mathrm{cm/s^2}$ 进行调幅。对非隔震结构弹性时程分析，结构底部剪力对比结果见表 8-89，地震动选取满足规范要求。再将 7 条时程曲线转换得到反应谱曲线，并将时程反应（THM）的平均值与规范设计反应谱（RSM）作比对，以确保时程曲线用于分析的可靠性，如图 8-39 所示。

表 8-89　非隔震结构底部剪力对比

对比项	对比值			
	V_x/kN	V_y/kN	X 向剪力比（%）	Y 向剪力比（%）
RSM	42114	38249	100	100
NGA0075	43995	50577	115.20	118.75

（续）

对比项	对比值			
	V_x/kN	V_y/kN	X向剪力比（%）	Y向剪力比（%）
NGA0800	52138	40368	123.82	105.54
NGA1291	47939	41365	101.40	107.92
NGA1767	42697	41280	104.49	132.23
NGA2108	48512	45419	113.84	108.16
AGM1	42933	41133	101.94	107.54
AGM2	43434	40777	103.13	106.61
平均值 THM	45950	42988	109.12	112.39

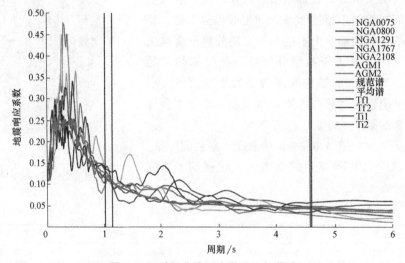

图 8-39　时程曲线反应谱对比规范谱

8.6.3　隔震层设计与验算

1. 隔震支座设计

（1）支座参数选择　摩擦摆隔震结构的自振周期主要由结构自重与隔震层刚度决定，在设计中，应先确定一个隔震目标，然后根据隔震目标进行摩擦摆支座的选择和布置，再不断试算调整以达到经济有效的优化方案。《抗规》建议的隔震目标是以隔震后上部结构水平地震作用的降低程度确定的。根据实际需求，本工程预设的隔震目标是隔震后上部结构水平地震作用和抗震构造比非隔震结构降低一度，即从 8 度（0.3g）降至 7 度（0.15g），对应于水平向减震系数 β 为 0.27~0.40（设置阻尼器时为 0.38）。

非隔震结构前三周期对应的水平地震影响系数为 0.2935、0.3261、0.5213，前三周期为各形式振动的第一阶振型，各自的质量参与系数 68.33%、70.73%、75.22%，由此可求得前三周期水平地震影响系数加权平均值为：

$$\alpha_1^* = \frac{0.2935 \times 68.33\% + 0.3261 \times 70.73\% + 0.5213 \times 75.22\%}{68.33\% + 70.73\% + 75.22\%} = 0.3842$$

对于无明显偏心的隔震结构，振动主要集中在前两个平动周期，且振型质量参与系数往往接近100%，故隔震后的目标水平地震影响系数可以由下式估算：

$$\alpha_{iso} = \begin{cases} \left(\dfrac{T_g}{T_{iso}}\right)^{0.9} \alpha_{max}, & T < 5T_g \\ [0.2^{0.9} - 0.02(T_{iso} - 5T_g)]\alpha_{max}, & T \geqslant 5T_g \end{cases} = (0.27 \sim 0.40)\alpha_1$$

由上式可以初步估计隔震结构的目标周期为3~5s，而根据近似周期公式：

$$T_{iso} = 2\pi\sqrt{\dfrac{R}{g}}$$

估算摩擦摆滑动圆弧面的半径时，半径过小，刚度过大，隔震效果不明显；而半径过大，刚度过小会使得隔震层在地震作用下滑移过大。综合考虑后初步选取支座圆弧滑动面半径为5m，估算隔震结构第一阶平动周期约为4.49s。同理，滑动面的摩擦系数也应取适当值，过大影响支座正常的启动工作，过小则在风载下支座容易滑动会带来不必要的结构振动响应。暂不考虑速度对摩擦系数的影响，统一取$\mu = 0.02$。

（2）支座侧向刚度 摩擦摆侧向刚度与支座压力有关，故先在ETABS中进行重力荷载代表值静载工况下结构分析，得到各个支座的竖向压力，然后再分别计算各支座的刚度，具体数据见表8-90。其中，摩擦摆支座的侧向刚度又分为克服静摩擦力前的第一刚度K_1和克服静摩擦力后滑动阶段的第二刚度K_2。同时，参考相关产品手册，假定开始滑动前的最大位移（起滑位移）u_y为4mm。

表 8-90 摩擦摆支座刚度计算

编号	支座压力/kN	圆弧半径/m	第二刚度/(kN/m)	摩擦系数	起滑位移/m	第一刚度/(kN/m)
1	2598.83	5	519.88	0.02	0.004	12994.20
2	2599.39	5	574.49	0.02	0.004	12996.95
3	2872.46	5	513.69	0.02	0.004	14362.30
4	2568.46	5	573.48	0.02	0.004	12842.30
5	2867.41	5	611.66	0.02	0.004	14337.05
6	3058.32	5	610.75	0.02	0.004	15291.60
7	3053.73	5	338.62	0.02	0.004	15268.65
8	1693.12	5	428.99	0.02	0.004	8465.60
9	2144.97	5	667.55	0.02	0.004	10724.85
10	3337.73	5	666.96	0.02	0.004	16688.65
11	3334.79	5	644.60	0.02	0.004	16673.95
12	3223.02	5	591.91	0.02	0.004	16115.10
13	2959.53	5	611.71	0.02	0.004	14797.65
14	3058.54	5	654.71	0.02	0.004	15292.70
15	3273.54	5	670.84	0.02	0.004	16367.70
16	3354.19	5	669.95	0.02	0.004	16770.95
17	3349.77	5	654.04	0.02	0.004	16748.85

（续）

编号	支座压力 /kN	圆弧半径 /m	第二刚度 /(kN/m)	摩擦系数	起滑位移 /m	第一刚度 /(kN/m)
18	3270.22	5	611.75	0.02	0.004	16351.10
19	3058.75	5	590.76	0.02	0.004	15293.75
20	2953.82	5	643.78	0.02	0.004	14769.10
21	3218.89	5	627.55	0.02	0.004	16094.45
22	3137.74	5	716.91	0.02	0.004	15688.70
23	3584.53	5	593.36	0.02	0.004	17922.65
24	2966.79	5	628.75	0.02	0.004	14833.95
25	3143.75	5	717.29	0.02	0.004	15718.75
26	3586.47	5	593.00	0.02	0.004	17932.35
27	2965.02	5	616.71	0.02	0.004	14825.10
28	3083.57	5	602.96	0.02	0.004	15417.85
29	3014.79	5	618.88	0.02	0.004	15073.95
30	3094.39	5	618.82	0.02	0.004	15471.95
31	3094.10	5	522.62	0.02	0.004	15470.50
32	2613.10	5	453.03	0.02	0.004	13065.50
33	2265.14	5	477.59	0.02	0.004	11325.70
34	2387.97	5	457.01	0.02	0.004	11939.85
35	2285.04	5	478.58	0.02	0.004	11425.20
36	2392.89	5	678.63	0.02	0.004	11964.45
37	3393.15	5	558.53	0.02	0.004	16965.75
38	2792.67	5	678.96	0.02	0.004	13963.35
39	3394.78	5	559.22	0.02	0.004	16973.90
40	2796.11	5	368.81	0.02	0.004	13980.55
41	1844.03	5	368.62	0.02	0.004	9220.15
42	1843.08	5	264.87	0.02	0.004	9215.40
43	1324.35	5	263.71	0.02	0.004	6621.75
44	1318.54	5	455.22	0.02	0.004	6592.70
45	2276.09	5	450.37	0.02	0.004	11380.45
46	2251.84	5	465.96	0.02	0.004	11259.20
47	2329.80	5	240.39	0.02	0.004	11649.00
48	1201.97	5	466.67	0.02	0.004	6009.85
49	2333.36	5	686.05	0.02	0.004	11666.80
50	3430.23	5	475.01	0.02	0.004	17151.15
51	2375.06	5	487.62	0.02	0.004	11875.30
52	2438.12	5	570.51	0.02	0.004	12190.60

（续）

编号	支座压力 /kN	圆弧半径 /m	第二刚度 /(kN/m)	摩擦系数	起滑位移 /m	第一刚度 /(kN/m)
53	2852.55	5	616.86	0.02	0.004	14262.75
54	3084.30	5	485.18	0.02	0.004	15421.50
55	2425.89	5	570.71	0.02	0.004	12129.45
56	2853.57	5	487.75	0.02	0.004	14267.85
57	2438.77	5	474.47	0.02	0.004	12193.85
58	2372.35	5	685.22	0.02	0.004	11861.75
59	3426.11	5	508.11	0.02	0.004	17130.55
60	2540.56	5	439.88	0.02	0.004	12702.80
61	2199.40	5	145.08	0.02	0.004	10997.00
62	725.39	5	139.77	0.02	0.004	3626.95
63	698.83	5	439.65	0.02	0.004	3494.15
64	2198.23	5	508.81	0.02	0.004	10991.15

2. 隔震支座布置

本工程隔震支座和阻尼器的布置示意图如图 8-40 所示。尽管摩擦摆支座具有竖向承载力高、水平位移大、周期可控、耐久性好等特点，本工程仍附加了一定数量的阻尼器，主要有以下几点原因：本工程为高层剪力墙隔震结构，为达到"上部结构降低一度设计"的减震目标，摩擦摆滑动面半径较大，导致在烈度较高地震下隔震层滑移变形较大，需要进一步控制；而从能量角度分析，利用隔震结构变形集中于隔震层的特点，在隔震层布置耗能构件，可以进一步保护上部结构，符合"可恢复性"结构设计理念；此外，黏滞阻尼器可以在强震后，辅助摩擦摆支座的复位，进一步提高隔震系统的可靠度。综合考虑上述三点，本工程选择在隔震层合理布置一定数量的黏滞阻尼器。阻尼器应尽量布置在结构四周，且间距应尽量相近，以确保其减震可靠性。由于原结构 Y 方向剪力相对于 X 方向剪力较小，故预计隔震结构的减震系数将由 Y 方向控制。考虑到增加阻尼器会适当减弱隔震效果，为使两个方向的减震系数相近，本工程 X 方向布置 10 个黏滞阻尼器，Y 方向布置 8 个黏滞阻尼器。

3. 隔震层验算

偏心率的计算步骤详见第 4 章，具体计算结果见表 8-91，结果满足要求。

4. 抗风承载力验算

建筑场地基本风压为 0.6kN/m^2，场地粗糙度类型为 C 类。结构宽度较大的 Y 方向较为危险，Y 方向计算结果见表 8-92。

根据《抗规》12.1.3 条规定，采用隔震结构风荷载产生的总水平力不宜超过结构总重力的 10%，即约 17000kN，风荷载产生的总水平力为 1894.1100kN，小于结构总重力的 10%，满足规范要求。为了满足风荷载和微震动的要求，隔震层必须具备足够的屈服前刚度和屈服承载力。参考《叠层橡胶支座隔震技术规程》（CECS 126：2001）4.3.4 条规定，抗

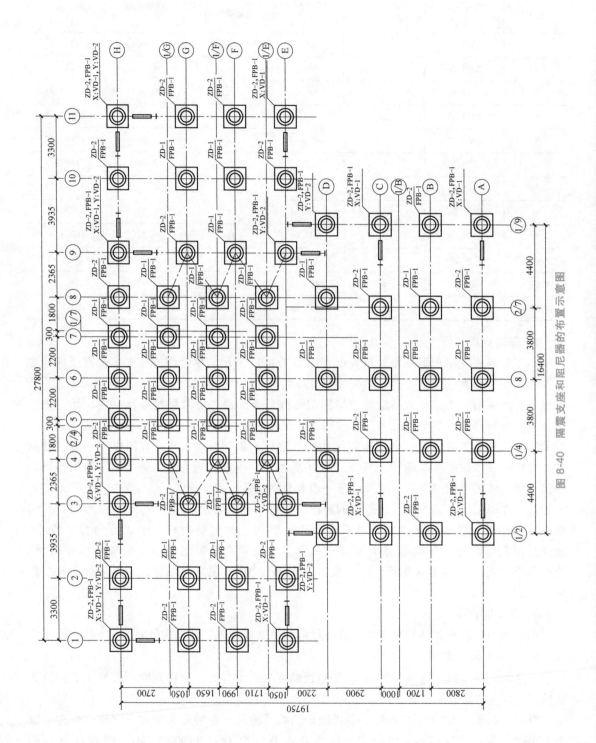

图 8-40 隔震支座和阻尼器的布置示意图

表 8-91　隔震层偏心率计算

编号	K_i	x_i	y_i	$K_{y,i}x_i$	$K_{x,i}y_i$	$K_{x,i}(y_i-y_K)^2$	$K_{y,i}(x_i-x_K)^2$	$K_{x,i}(y_i-y_K)^2+K_{y,i}(x_i-x_K)^2$
1	519.88	9.60	17.05	4990.83	8863.92	9530.13	17435.31	26965.44
2	574.49	9.60	19.75	5515.12	11346.22	10531.29	41420.57	51951.86
3	513.69	18.20	17.05	9349.19	8758.45	9579.95	17227.85	26807.80
4	573.48	18.20	19.75	10437.37	11326.27	10694.98	41347.75	52042.73
5	611.66	11.70	11.65	7156.47	7125.89	2910.95	93.58	3004.53
6	610.75	16.10	11.65	9833.01	7115.19	3005.86	93.44	3099.30
7	338.62	13.90	17.05	4706.87	5773.54	0.12	11356.54	11356.66
8	428.99	13.90	14.35	5963.02	6156.06	0.15	4099.10	4099.25
9	667.55	0.00	19.75	0.00	13184.03	128633.99	48129.72	176763.71
10	666.96	27.80	19.75	18541.43	13172.42	129205.68	48087.32	177293.00
11	644.60	0.00	16.00	0.00	10313.66	124213.14	14489.68	138702.82
12	591.91	0.00	10.60	0.00	6274.20	114058.40	256.94	114315.34
13	611.71	7.24	10.60	4425.71	6484.10	27023.02	265.54	27288.56
14	654.71	5.94	8.40	3885.69	5499.55	41343.05	5350.98	46694.03
15	670.84	5.94	0.00	3981.42	0.00	42361.61	85036.70	127398.31
16	669.95	21.87	0.00	14648.54	0.00	42700.07	84924.65	127624.72
17	654.04	21.87	8.40	14300.67	5493.97	41686.03	5345.55	47031.58
18	611.75	20.57	10.60	12580.64	6484.55	27326.14	265.56	27591.70
19	590.76	27.80	10.60	16423.24	6262.10	114445.08	256.45	114701.53
20	643.78	27.80	16.00	17897.03	10300.45	124715.16	14471.11	139186.27
21	627.55	3.30	16.00	2070.91	10040.77	70265.76	14106.29	84372.05
22	716.91	3.30	19.75	2365.79	14158.89	80271.06	51688.55	131959.61
23	593.36	3.30	10.60	1958.08	6289.59	66437.54	257.57	66695.11
24	628.75	24.50	16.00	15404.38	10060.00	70892.79	14133.31	85026.10
25	717.29	24.50	19.75	17573.70	14166.56	80876.30	51716.52	132592.82
26	593.00	24.50	10.60	14528.60	6285.84	66862.36	257.42	67119.78
27	616.71	13.90	11.65	8572.32	7184.72	0.21	94.35	94.56
28	602.96	13.90	0.00	8381.12	0.00	0.21	76432.11	76432.32
29	618.88	9.90	0.00	6126.89	0.00	9810.80	78450.15	88260.95
30	618.82	17.90	0.00	11076.88	0.00	9992.78	78442.80	88435.58
31	522.62	13.90	8.40	7264.42	4390.01	0.18	4271.41	4271.59
32	453.03	20.57	16.00	9316.52	7248.45	20236.22	10183.35	30419.57
33	477.59	7.24	19.75	3455.39	9432.48	21098.35	34434.28	55532.63
34	457.01	7.24	16.00	3306.45	7312.13	20188.94	10272.82	30461.76
35	478.58	20.57	19.75	9841.96	9451.92	21377.50	34505.22	55882.72
36	678.63	9.60	8.40	6514.85	5700.49	12440.29	5546.49	17986.78

（续）

编号	K_i	x_i	y_i	$K_{y,i}x_i$	$K_{x,i}y_i$	$K_{x,i}(y_i-y_K)^2$	$K_{y,i}(x_i-x_K)^2$	$K_{x,i}(y_i-y_K)^2+K_{y,i}(x_i-x_K)^2$
37	558.53	9.60	11.65	5361.93	6506.92	10238.76	85.45	10324.21
38	678.96	18.20	8.40	12357.00	5703.23	12661.99	5549.16	18211.15
39	559.22	18.20	11.65	10177.84	6514.94	10429.04	85.56	10514.60
40	368.81	11.70	14.35	4315.03	5292.37	1755.17	3524.00	5279.17
41	368.62	16.10	14.35	5934.72	5289.64	1814.19	3522.18	5336.37
42	264.87	9.60	14.35	2542.75	3800.88	4855.46	2530.87	7386.33
43	263.71	18.20	14.35	4799.49	3784.21	4917.94	2519.77	7437.71
44	455.22	16.10	17.05	7329.01	7761.47	2240.41	15266.79	17507.20
45	450.37	11.70	17.05	5269.31	7678.77	2143.33	15104.13	17247.46
46	465.96	16.10	19.75	7501.96	9202.71	2293.28	33595.47	35888.75
47	240.39	13.90	19.75	3341.48	4747.78	0.08	17332.28	17332.36
48	466.67	11.70	19.75	5460.06	9216.77	2220.92	33646.81	35867.73
49	686.05	5.94	5.60	4071.68	3841.86	43321.96	21969.04	65291.00
50	475.01	5.94	2.80	2819.20	1330.03	29995.73	33988.20	63983.93
51	487.62	9.90	2.80	4827.48	1365.35	7730.09	34890.62	42620.71
52	570.51	9.90	5.60	5648.05	3194.86	9044.05	18269.26	27313.31
53	616.86	13.90	5.60	8574.35	3454.42	0.21	19753.51	19753.72
54	485.18	13.90	2.80	6743.97	1358.50	0.17	34715.60	34715.77
55	570.71	17.90	5.60	10215.78	3196.00	9215.96	18275.79	27491.75
56	487.75	17.90	2.80	8730.80	1365.71	7876.31	34899.92	42776.23
57	474.47	21.87	2.80	10374.29	1328.52	30240.74	33949.42	64190.16
58	685.22	21.87	5.60	14982.38	3837.24	43673.19	21942.65	65615.84
59	508.11	27.80	13.30	14125.51	6757.89	98433.42	2116.92	100550.34
60	439.88	24.50	13.30	10777.06	5850.40	49597.33	1832.65	51429.98
61	145.08	20.57	13.30	2983.53	1929.54	6480.46	604.43	7084.89
62	139.77	7.24	13.30	1011.21	1858.89	6174.35	582.30	6756.65
63	439.65	3.30	13.30	1450.83	5847.29	49226.61	1831.68	51058.29
64	508.81	0.00	13.30	0.00	6767.20	98046.45	2119.84	100166.29

计算扭转刚度	3418594.94	
隔震层刚心坐标	13.8982	11.4452
上部结构重心坐标	13.9000	11.6500
偏心距(绝对值)	0.0018	0.2048
计算扭转刚度	3418594.9410	3418594.9410
计算弹力半径	100.2114	100.2114
计算偏心率 $\rho_x=\dfrac{e_y}{R_x}$,$\rho_y=\dfrac{e_x}{R_y}$	0.0018%	0.2044%

表 8-92 Y方向风压力计算

楼层	高度/m	宽度/m	层高/m	μ_z	φ_z	B_z	R	β_z	F_w/kN
28	83.1	8.6	4.8	1.3817	1.0000	0.4602	0.9026	1.7130	61.1249
27	78.3	27.8	2.9	1.3464	0.5783	0.2731	0.9026	1.4231	120.4908
26	75.4	27.8	2.9	1.3232	0.3236	0.1555	0.9026	1.2409	103.2538
25	72.5	27.8	2.9	1.3000	0.1019	0.0498	0.9026	1.0772	88.0611
24	69.6	27.8	2.9	1.2768	−0.1110	−0.0553	0.9026	0.9144	73.4136
23	66.7	27.8	2.9	1.2536	−0.3239	−0.1643	0.9026	0.7455	58.7660
22	63.8	27.8	2.9	1.2304	−0.4335	−0.2240	0.9026	0.6529	50.5177
21	60.9	27.8	2.9	1.2072	−0.5347	−0.2817	0.9026	0.5637	42.7897
20	58.0	27.8	2.9	1.1800	−0.6271	−0.3379	0.9026	0.4765	35.3553
19	55.1	27.8	2.9	1.1510	−0.5783	−0.3195	0.9026	0.5050	36.5547
18	52.2	27.8	2.9	1.1220	−0.5294	−0.3000	0.9026	0.5352	37.7603
17	49.3	27.8	2.9	1.0930	−0.4590	−0.2670	0.9026	0.5863	40.2978
16	46.4	27.8	2.9	1.0640	−0.2985	−0.1784	0.9026	0.7236	48.4168
15	43.5	27.8	2.9	1.0350	−0.1379	−0.0847	0.9026	0.8687	56.5419
14	40.6	27.8	2.9	1.0060	0.0792	0.0501	0.9026	1.0776	68.1672
13	37.7	27.8	2.9	0.9724	0.2292	0.1499	0.9026	1.2322	75.3464
12	34.8	27.8	2.9	0.9376	0.3793	0.2572	0.9026	1.3985	82.4564
11	31.9	27.8	2.9	0.9028	0.4987	0.3513	0.9026	1.5442	87.6646
10	29.0	27.8	2.9	0.8660	0.5825	0.4277	0.9026	1.6626	90.5417
9	26.1	27.8	2.9	0.8254	0.6662	0.5133	0.9026	1.7951	93.1737
8	23.2	27.8	2.9	0.7848	0.6750	0.5469	0.9026	1.8473	91.1657
7	20.3	27.8	2.9	0.7442	0.6331	0.5410	0.9026	1.8381	86.0170
6	17.4	27.8	2.9	0.6932	0.5913	0.5424	0.9026	1.8403	80.2206
5	14.5	27.8	2.9	0.6500	0.4882	0.4776	0.9026	1.7399	71.1172
4	11.6	27.8	2.9	0.6500	0.3625	0.3546	0.9026	1.5494	63.3304
3	8.7	27.8	2.9	0.6500	0.2369	0.2318	0.9026	1.3590	55.5497
2	5.8	27.8	2.9	0.6500	0.1535	0.1502	0.9026	1.2326	50.3833
1	2.9	27.8	2.9	0.6500	0.0768	0.0751	0.9026	1.1164	45.6319
								合计	1894.1100

风装置应按下式进行验算：

$$\gamma_w V_{wk} \leqslant V_{Rw}$$

式中，γ_w 为风荷载分项系数 1.4；V_{wk} 为风荷载作用下隔震层的水平剪力标准值；V_{Rw} 为抗风装置的水平承载力设计值。

抗风装置的水平承载力设计值对于不单独设抗风装置时取隔震支座的屈服荷载设计值，而摩擦摆支座则按下式计算：

$$V_{Rw} = \mu W = (0.02 \times 1.737 \times 10^4 \times 9.81) \text{kN} = 3408.0 \text{kN} > (1.4 \times 1894.11) \text{kN} = 2651.75 \text{kN}$$

验算通过，可知隔震层满足规程中关于风荷载和微震动的要求。

8.6.4 设防地震作用验算

添加摩擦摆支座后，结构的周期有明显的延长，隔震前后周期的对比见表 8-93，符合隔震层布置时估计的周期延长预期，隔震效果较为理想，且两方向的基本周期相差小。

表 8-93　隔震前后结构自振周期对比

振型	原结构周期/s	隔震结构周期/s	两个平动周期差幅
1(Y方向平动)	1.1448	4.6075	
2(X方向平动)	1.0184	4.5819	0.56%
3(扭转)	0.6047	0.7960	

隔震可以控制上部结构的振型，使能量聚集在各个方向的第一阶振型上，这一点也得到了验证（见表 8-94）。

表 8-94　隔震结构振型质量参与系数

振型	1(Y方向平动)	2(X方向平动)	3(扭转)
质量参与系数	99.88%	99.93%	98.94%

规范对水平向减震系数的计算建议采用橡胶隔震支座的 100% 剪切变形烈度，即接近设防地震烈度。本工程设防烈度为 8 度（0.3g），时程曲线的加速度峰值采用 300cm/s²。为了简化分析，软件计算时采用单向地震波输入，即在 ETABS 中为每个地震波时程的 X、Y 方向都指定一个单独的时程工况。

《抗规》中对于高层建筑结构的水平向减震系数，规定应计算隔震前后各倾覆力矩的最大比值，并与隔震前后各楼层剪力的最大比值相比较，取两者中的较大值。将 ETABS 隔震和非隔震模型分别进行设防烈度下的时程分析后，将各工况下楼层剪力与倾覆力矩汇总于图 8-42~图 8-45。水平向减震系数汇总于图 8-41，最终控制因子为 Y 方向剪力减震，水平向减震系数为 0.32，所有楼层减震系数均小于 0.4，满足降低一度设计的要求。

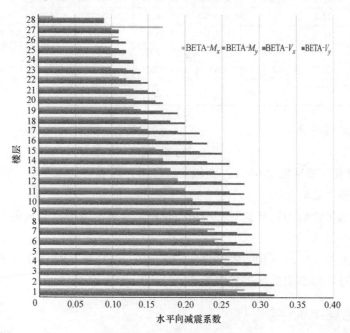

图 8-41　水平向减震系数汇总

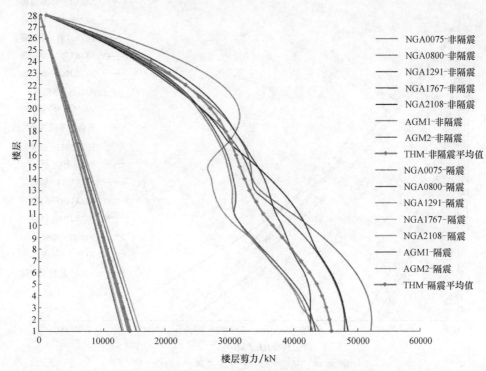

图 8-42　隔震前后 X 方向楼层剪力时程分析对比

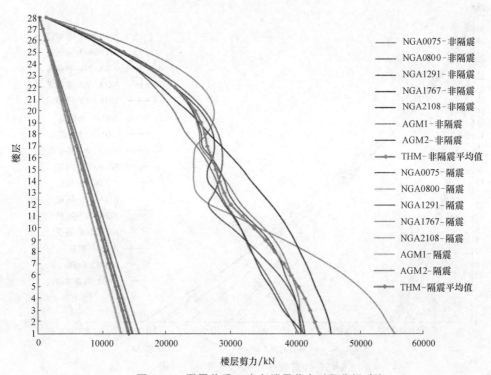

图 8-43　隔震前后 Y 方向楼层剪力时程分析对比

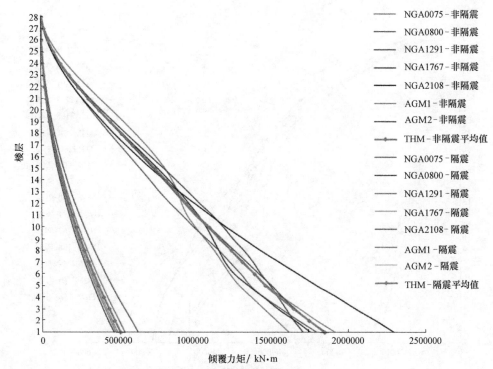

图 8-44 隔震前后 X 方向倾覆力矩对比

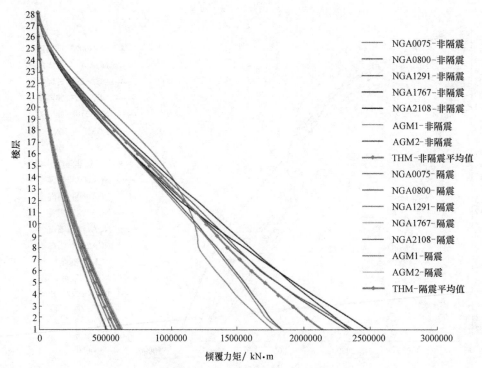

图 8-45 隔震前后 Y 方向倾覆力矩对比

8.6.5 罕遇地震作用验算

1. 隔震层水平位移验算

为保证支座能够正常工作，应当检验罕遇地震下支座的最大位移是否超出支座的最大位移限值，即支墩水平尺寸的一半，在本工程中为600mm。这里考查建筑最不利西北角支座FPB No.1 在各个时程工况双向输入（1.00主方向，0.85次方向）下的位移幅值，见表8-95。由此可以看出即使在大震下，支座的位移尚在最大限值之内，阻尼器对于结构的控制作用明显，大震下支座位移校核通过。

表 8-95 大震（PGA = 510cm/s²）支座位移幅值 （单位：m）

主方向	NGA0075	NGA0800	NGA1291	NGA1767	NGA2108	AGM1	AGM2	平均值
X	0.382	0.523	0.496	0.807	0.970	0.505	0.476	0.59
Y	0.378	0.518	0.495	0.805	0.967	0.501	0.475	0.59

2. 隔震支座应力验算

由于高层结构倾覆力矩效应明显，地震动下支座压力不断改变。摩擦摆支座竖向不提供拉力，即上部结构受拉侧支座将可能出现上下滑动摆脱离现象，表现为支座零压力情况。过多支座出现零压力情况会造成剩余支座压力过大影响滑动自由、支座复位偏离等不利影响，故设计时应检查不同水准地震下的支座最小压力。

大震下，X、Y方向不同工况下均有不同程度的零压力支座区出现，对单个工况下出现零压力支座数量进行统计（见表8-96），除NGA2108Y外其他零压力支座数不超过总支座数的30%，且7个时程工况平均后只有7个支座（FPB No.09~No.10、No.15~No.16、No.28~No.30）在Y向地震动下始终出现最小压力为零压力情况，这说明大震下摩擦摆支座系统会出现边缘零压力区，但核心区支座仍平稳工作；单个支座X、Y方向和各个支座间的最小压力离散性继续加大。

表 8-96 大震（PGA = 510cm/s²）零压力支座数量统计

地震动编号	AGM1X	AGM1Y	AGM2X	AGM2Y	NGA0075X	NGA0075Y	NGA0800X
数量	4	15	4	16	5	9	9
地震动编号	NGA0800Y	NGA1291X	NGA1291Y	NGA1767X	NGA1767Y	NGA2108X	NGA2108Y
数量	13	6	11	11	20	19	25

如果关注倾覆不利的Y方向，取结构最南侧位于中间的支座为研究对象，在不同工况下均有零压力情况出现，但是持续时间一般较短，最长的为NGA2108 Y向工况下的1.40s（31.68~33.08s）。详细的零压力出现次数和最长持续时间统计于表8-97。不难发现，即使在大震下，支座脱离次数占结构摇摆次数的比例、各次脱离绝对持续时间以及相比地震动持时的相对时间都十分小。这说明大震下支座绝大部分时间保持接触，且即使偶尔出现上下摆脱离，由于地震动往复作用下结构自身摇摆拉压区交换的特性，支座能在短时间内恢复接触，重新正常工作。

表 8-97 支座零压力出现次数和最长持续时间

地震动编号	NGA0075Y	NGA0800Y	NGA1291Y	NGA1767Y	NGA2108Y	AGM1Y	AGM2Y
出现次数	6	7	7	7	8	4	5
最长持续时间/s	0.34	0.66	0.88	0.78	1.40	0.50	0.83

8.6.6 结论

1）本次高层建筑结构基础隔震设计在上部结构的设计、隔震层布置以及时程分析等过程中，严格遵守了有关规范规程的规定及建议，时程分析所得到的减震系数小于规范所规定的最大值，符合将上部结构设防烈度降低一度的要求。在经济、社会方面隔震方案与传统方案相比也具有一定优势。由此，可以认为对本工程进行的隔震设计取得了既定的良好设计结果。

2）目前对于摩擦摆隔震结构国内尚无相关针对规范，所以在实际设计中主要参考《抗规》针对橡胶支座所推荐的分部设计思路，即以结构水平向减震系数作为隔震层设计控制指标，适当降低设防烈度进行上部结构设计。本例对这种设计方法对于高层摩擦摆支座隔震结构的适用性进行验证发现：基础固接的上部结构在降低一度下的响应大于隔震结构中上部结构在原烈度下的响应，所以按降低一度、基础固接分析所得的相对较大剪力设计上部结构是相对安全的，分部设计方法适用于高层摩擦摆支座隔震结构。

3）高层建筑上部结构较柔，自振周期较大，而为达到预期的隔震目标，隔震层设计水平刚度相对较小，隔震水平位移较大。本例尝试在隔震层适当位置增加黏滞阻尼器发现：黏滞阻尼体系可以在基本不改变隔震结构的自振周期下有效控制高烈度地震下隔震层的滑移量并集中消耗地震输入能量。同时建议黏滞阻尼器布置在结构边缘并宜沿结构主轴方向布置。

4）本例发现对于高层结构由于倾覆力矩的存在，罕遇地震下部分支座会出现上下摆脱离的情况，虽然脱离时间较短，但系统开发和研究支座抗拉装置（体系）对于摩擦摆支座的推广和发展有重要的意义。现在主要有两种解决思路：其一是在传统摩擦摆支座上增加金属勾手、预应力拉索、记忆合金、橡胶支座组合隔震等装置在支座脱离时提供一定的拉力；其二是通过合理布置上部结构或引入摇摆结构体系减小倾覆效应，但多处于理论分析或抗拉装置试验的阶段，还有较大研究空间。

5）隔震效果和隔震层水平位移、隔震层投入与整体成本的控制等都是设计中矛盾的统一。完善水平位移控制方式（如黏滞阻尼器、多重摩擦摆支座等）、优化设计平衡理论（如基于算法的最优隔震层设计等）是将来的方向。

6）目前对于竖向地震的隔震理论和方法还有待完善，其意义在于有利于降低竖向地震对于非结构构件的破坏，有利于摩擦摆支座水平工作性能的稳定等。

【思 考 题】

1. 试总结隔震建筑的具体计算流程与验算内容。
2. 试比较叠层橡胶支座和摩擦摆支座在隔震建筑设计中的异同。

参 考 文 献

［1］ 中国建筑科学研究院，中国建筑标准设计研究院. 建筑结构隔震构造详图：03SG610-1 ［S］. 北京：中国建筑标准设计研究院，2003.

［2］ ASCE, Minimum design loads for buildings and other structures. ASCE 7 ［S］. Reston：ASCE，2010.

［3］ CHRISTOPOULOS C, FILIATRAULT A. Principles of passive supplementary damping and seismic isolation ［M］. Pavia：IUSS Press，2006.

［4］ 中国工程建设标准化协会工程抗震委员会. 叠层橡胶支座隔震技术规程：CECS 126：2001 ［S］. 北京：中国工程建设标准化协会，2001.

［5］ CHOPRA，等. 结构动力学：理论及其在地震工程中的应用 ［M］. 谢礼立，译. 北京：高等教育出版社，2016.

［6］ 上海市城乡建设和交通委员会. 建筑抗震设计规程：DGJ 08-9—2013 ［S］. 上海：上海市建筑建材业市场管理总站，2013.

［7］ 全国橡胶与橡胶制品标准化技术委员会橡胶杂品分会. 橡胶支座 第3部分：建筑隔震橡胶支座：GB 20688. 3—2006 ［S］. 北京：中国标准出版社 2007.

［8］ 中华人民共和国住房和城乡建设部. 砌体结构设计规范：GB 50003—2011 ［S］. 北京：中国建筑工业出版社，2011.

［9］ 中华人民共和国住房和城乡建设部. 建筑抗震设计规范（2016年版）：GB 50011—2010 ［S］. 北京：中国建筑工业出版社，2016.

［10］ 全国橡胶与橡胶制品标准化技术委员会橡胶杂品分会. 橡胶支座 第1部分：隔震橡胶支座试验方法：GB/T 20688. 1—2007 ［S］. 北京：中国标准出版社 2007.

［11］ 全国钢标准化技术委员会. 碳素结构钢和低合金结构钢热轧钢板和钢带：GB/T 3274—2017 ［S］. 北京：中国标准出版社，2017.

［12］ 中国建筑标准设计研究院有限公司. 建筑摩擦摆隔震支座：GB/T 37358—2019 ［S］. 北京：中国标准出版社，2019.

［13］ ICBO. Uniform Building Code：UBC 8-1 ［S］. California：International Conference of Building Officials，2007.

［14］ 住房和城乡建设部建筑结构标准化技术委员会. 建筑隔震橡胶支座：JG/T 118—2018 ［S］. 北京：中国标准出版社，2018.

［15］ 中华人民共和国住房和城乡建设部. 高层建筑混凝土结构技术规程：JGJ 3—2010 ［S］. 北京：中国建筑工业出版社，2010.

［16］ 中华人民共和国住房和城乡建设部. 建筑隔震工程施工及验收规范：JGJ 360—2015 ［S］. 北京：中国建筑工业出版社，2015.

［17］ KASHIWAZAKIA TANAKA M, TOKUDA N Shaking test of seismic isolation floor system by using 3-dimensional isolator ［C］. Tokyo，Kyoto：Proceedings，Ninth World Conference on Earthquake Engineering，1989：845-850.

［18］ KUMAR M, WHITTAKER A S, CONSTANTINOU M C. An advanced numerical model of elastomeric seismic isolation bearings ［J］. Earthquake Engineering & Structural Dynamics，2014，43（13）：1955-1974.

［19］ MAKRIS N. Seismic isolation：Early history ［J］. Earthquake Engineering&Structural Dynamics，2019，48（2）：269-283.

［20］ ELNASHAI A, SARNO L D. Earthquake engineering：from engineering seismology to performance-based engineering [J]. Journal of Earthquake Engineering, 2004, 8 (6): 963-964.

[21] POWER E, ALA N, AZIZINAMINI. High performance sliding surfaces for bearings [C]. Nevada: 7th World Congress on Joints, Bearings and Seismic Systems for Concrete Structures, 2011, 1-7.

[22] QUAGLINI V, DUBINI P. Assessment Sliding Materials for Pendulum Isolation Bearings [C]. Nevada: 7th World Congress on Joints, Bearings and Seismic Systems for Concrete Structures, 2011: 1-7.

[23] SKINNER R. I, 等. 工程隔震概论 [M]. 谢礼立, 等译. 北京: 地震出版社, 1996.

[24] ZHOU Y, CHEN P. Shaking table tests and numerical studies on the effect of viscous dampers on an isolated building by friction pendulum bearings [J]. Soil Dynamics and Earthquake Engineering, 2017, (100): 330-344.

[25] ZHOU Y, CHEN P, MOSQUEDA G. Analytical and Numerical Investigation of Quasi-Zero Stiffness Vertical Isolation System [J]. Journal of Engineering Mechanics, 2019, 145 (6): 391-411.

[26] 曾德民. 橡胶隔震支座的刚度特征与隔震建筑的性能试验研究 [D]. 北京: 中国建筑科学研究院, 2007.

[27] 陈海泉, 李忠献, 李延涛. 应用形状记忆合金的高层建筑结构智能隔震 [J]. 天津大学学报, 2002 (6): 761-765.

[28] 陈浩文. 厚肉型橡胶隔振支座在地铁周边建筑物隔振中的应用 [D]. 北京: 清华大学, 2014.

[29] 陈鹏, 周颖, 刘璐, 等. 带抗拉装置高层隔震结构振动台试验研究 [J]. 建筑结构学报, 2017, 38 (7): 120-128.

[30] 陈鹏, 周颖, 刘璐, 等. 橡胶隔震支座抗拉装置受力性能试验研究 [J]. 建筑结构学报, 2017, 38 (7): 113-119.

[31] 陈鹏, 周颖. 摩擦摆支座隔震结构实用设计方法 [J]. 地震工程与工程振动, 2017, 37 (1): 56-63.

[32] 陈永祁, 等. 摩擦摆动支座桥梁隔震设计应用 [J]. 工业建筑, 2009, 39 (S1): 256-261.

[33] 党育, 杜永峰, 李慧. 基础隔震结构设计及施工指南 [M]. 北京: 中国水利水电出版社, 2007.

[34] 黄威, 高烨, 杨恒, 等. 厚层橡胶支座抗震性能分析 [J]. 建材世界, 2017, 38 (2): 96-99.

[35] 李吉超, 尚庆学, 罗清宇, 等. 厚层橡胶支座的力学性能试验研究 [J]. 振动与冲击, 2019, 38 (9): 157-165.

[36] 李杰, 李国强. 地震工程学导论 [M]. 北京: 地震出版社, 1989.

[37] 日本建筑学会. 隔震结构设计 [M]. 刘文光, 译. 北京: 地震出版社, 2006.

[38] 盛涛, 李亚明, 张晖, 等. 地铁邻近建筑的厚层橡胶支座基础隔振试验研究 [J]. 建筑结构学报, 2015, 36 (2): 35-40.

[39] 苏经宇, 曾德民, 田杰. 隔震建筑概论 [M]. 北京: 冶金工业出版社, 2012.

[40] 滕晓飞, 谭平, 王晓哲, 等. 基于性能的隔震结构直接设计方法 [J]. 沈阳建筑大学学报, 2018, 34 (6): 1061-1068.

[41] 肖畅, 盛涛, 金红亮. 橡胶隔震支座竖向刚度有限元模拟与试验研究 [J]. 空间结构, 2019, 25 (3): 67-71.

[42] 薛素铎, 周乾. SMA-橡胶复合支座在空间网壳结构中的隔震研究 [J]. 北京工业大学学报, 2004 (2): 176-179.

[43] 姚侃, 赵鸿铁. 木构古建筑柱与柱础的摩擦滑移隔震机理研究 [J]. 工程力学, 2006 (8): 127-131, 159.

[44] 张鹏程, 赵鸿铁, 薛建阳, 等. 中国古建筑的防震思想 [J]. 世界地震工程, 2001, 17 (4): 1-6.

[45] 张玉敏. 碟形弹簧竖向隔震装置的试验研究 [D]. 唐山: 河北理工大学, 2005.

[46] 吕西林. 建筑结构抗震设计理论与实例 [M]. 上海: 同济大学出版社, 2018.

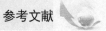

［47］ 周锡元，阎维明，杨润林. 建筑结构的隔震、减振和振动控制 ［J］. 建筑结构学报，2002（2）：2-12，26.

［48］ 周锡元. 建筑结构防震设防策略的发展 ［J］. 工程抗震，1997（3）：1-3.

［49］ 周颖，陈鹏，陆道渊，等. 地铁上盖多塔楼隔震与减振设计研究 ［J］. 土木工程学报，2016，49（S1）：84-89.

［50］ 周颖，陈鹏. 基于准零刚度特性的结构竖向隔振系统研究 ［J］. 建筑结构学报，2019，40（4）：143-150.

［51］ 周云，安宇，梁兴文. 基础隔震结构基于位移的设计方法 ［J］. 广州大学学报（自然科学版），2002，1（1）：75-79.

［52］ 朱玉华，艾方亮，任祥香，等. 厚层铅芯橡胶支座力学性能 ［J］. 同济大学学报（自然科学版），2018，46（9）：1189-1194，1233.

［53］ 庄军生. 桥梁减震、隔震支座和装置 ［M］. 北京：中国铁道出版社，2012.